食料危機

パンデミック、バッタ、食品ロス

井出留美
Ide Rumi

PHP新書

まえがき

２０２０年10月1日現在の日本の人口は1億２５８８万人（総務省統計局による）。世界で飢餓に苦しむ人の数は、２０１９年時点で6億９０００万人（ＦＡＯ：国連食糧農業機関による）。日本の人口の5倍を超える、世界の11人に１人が十分な食べ物を入手できていない。２０２０年には、状況はさらに悪化した。食料危機は世界最大級の問題といっても過言ではない。世界の穀物生産量は年間約26億トン。日本人が食べている穀物は年間１５４キロ（Hunger Free World 公式サイト）。人が生きるのに必要な穀物量を１８０キロ／年とすると、実に１４億人を賄える計算になる。しかし、実際には全穀物生産量のうち、36％が家畜の飼料に、21％がバイオマスエネルギーなどになり、食用は43％。その食料を大量に廃棄し、高所得国が過剰に消費している（『TRANSIT』No.49, 2020年9月17日, 講談社）。

食料危機が世界レベルで喫緊の課題であることは、２０２０年10月９日に、国連ＷＦＰ（国連世界食糧計画）がノーベル平和賞を受賞したことからも窺える。ノーベル賞選考委員会は授賞理由の中で「国際的な連帯と多国間協調の必要性はかつてないほど求められている」

とし「飢餓との闘いに努め、紛争の影響下にある地域で和平のための状況改善に向けて貢献し、戦争や紛争の武器として飢餓が利用されるのを防ぐための推進力の役割を果たした」と評価している（２０２０年10月9日、ＮＨＫニュース）。デイビッド・ビーズリー事務局長は「ノーベル賞委員会は、困窮した人たちと紛争の破壊的な結果に世界的な注目を向けた」と述べた。国連ＷＦＰは、飢餓のない世界を目指して活動する国連の食料支援機関として、毎年約80か国1億人に支援を行う組織だ。２０１９年には88か国で９７００万人に支援を行った。紛争や自然災害などの緊急時に食料を届け、栄養状態の改善と強い社会づくりに取り組んでいる（国連ＷＦＰ公式サイトより）。コロナ禍で、国をまたいでの移動が制限され、国境封鎖など国際協力が難しくなる中、今回の授賞には国際協調を促す狙いも察せられる。

　筆者は5歳の時、食に関心を持って以来、食に携わってきた。大学では食物学科に進学、青年海外協力隊員としてフィリピンで栄養改善や食料支援に携わった。帰国後、食品企業に勤め、社会人大学院で博士号（栄養学）を取得、フードバンクへ食料支援を行った。２０１1年、誕生日に東日本大震災発生。食料支援で理不尽な無駄を見て独立し、3年間フードバンクで国内外へ食料支援を行った。現在は、食品ロス問題とその対策を広く訴えるための活動を行っている。2020年、食料危機がさらに悪化する見込みであるとの報道に接し、この状況を誰かが書籍という形で伝えなければならないのではないかと考えていたところ、PHP新書の西村編集長からこのテーマで新書を一冊書かないかというご依頼をいただき、筆者の専門分野とは異なるが、執筆させていただくことにした。

筆者の見識が不足している分野については、下記の専門家の方々へインタビューを行った。1人目がFAO駐日連絡事務所前所長のンブリ・チャールズ・ボリコ氏で、テーマはCOVID－19（新型コロナウイルス感染症）パンデミック前後の世界の食料危機の状況について。2人目が国際農林水産業研究センター研究戦略室主任研究員の白鳥佐紀子氏で、テーマはアフリカの食料事情について。3人目がバッタ博士こと前野ウルド浩太郎氏で、テーマはサバクトビバッタの被害と食料危機について。4・5人目が株式会社ワンプラネット・カフェ代表取締役社長のエクベリ聡子氏と取締役のペオ・エクベリ氏で、テーマはミツバチの世界的な減少と食料供給への影響についてである。

日本も含む全ての国連加盟国が2015年に採択したSDGs（持続可能な開発目標）は、2030年までに小売・消費段階の食料廃棄を半減し、飢餓と貧困を終わらせると約束した。地球上の全ての人が十分満足に食べることができる世の中になるよう、心より願っている。

第一章　食料危機の現状

第二章

食料危機の原因

第三章　日本の食料危機の歴史

第四章　食料を確保するためには

第一章

食料危機の現状

1 食料危機、飢饉の定義

食料と食糧の違い

まず、「食料危機」の定義をおさらいしておきたい。そもそも「食料」と「食糧」は何が異なるのだろうか。「食糧」の場合は、主食となる穀物のみを指している。したがって、穀物も含め全般的なものを指す場合は「食料」を使う。[1]

では食料危機とは何か。筆者が見た限り、辞書の中では最も詳しい説明がなされていた『ブリタニカ国際大百科事典』の記述を引用させていただきたい。ただし同書では、「食糧危機」という項目になっている。

「同種類の動物群が手に入れることのできる食物が、その動物群総体を生存させるのに必要な量を満たさないほどに減少した状態を食糧危機という。動物の個体数はその行動範囲内に存在する可食物の量によって規制される。食物の量は常に一定ではなく、季節や天候によって変更する。食糧危機の結果として、同種類の動物群全体が飢餓状態に陥り、それが長引くと群中の弱者が脱落し個体数は減少していく。人間社会の食糧危機も基本的には同じ構造であるが、可食物を入手するシステムがより複雑である。世界の人口増加に食糧生産が追いつかないために生じるという考え方もあるが、むしろ現実的に発生する可能性のある要因としては、気候の変動によって世界的に可食物の収量が減少するという考え方が有力である。可食物の収量が減少すると、国家や家族などの集団ごとに延命をはかる動きが強まってくる。その結果、食糧の移動や輸出が停滞する。食糧危機は人類全体に平等に現れてくるのではなく、自給率の低い地域ほど早く発生する。食糧生産が量的に不足しているアフリカなどではすでに食糧危機は発生し進行している。日本などは食糧自給率が低いにもかかわらず、近代的流通機構・輸入などによって補っている」。

食料危機は現在進行形で起こっている

２０１６年、「食料危機に対するグローバルネットワーク」（Global Network Against Food Crises）という組織が、同年の世界人道サミット（WHS：World Humanitarian Summit）で、欧州連合（EU）、FAO（国連食糧農業機関）、国連WFP（World Food Programme：世界食糧計画）によって立ち上がった。[2] 長期化する食料危機や頻発する災害に取り組み、脆弱性を減らし、リスクを管理するため、新たなアプローチが求められたためである。
「食料危機に対するグローバルネットワーク」は、旗艦《きかん》報告書として、定期的に、食料危機の世界報告書である“Global Report on Food Crises（ＧＲＦＣ）”を発行している。食料安全保障ネットワーク（ＦＳＩＮ：Food Security Information Network）がとりまとめたものである。２０２０年4月20日には２０２０年版が発行[3]された。その中で、「飢餓は、あらゆる形で受け入れがたいレベルに達している。食料危機に関する世界報告書を通し、過去3年間に毎年1億人を超えるレベルの緊急的な（急性の）飢餓が発生している。この傾向が続けば、２０３０年までに飢餓を撲滅するという約束を果たすことはできない」と述べている。この約束とは、２０１５年の国連サミットで採択されたＳＤＧｓ（エスディージーズ：持続可能な開発目標）の2に掲げられているものである。

　このように、食料危機は、地球規模でみれば、いまこの瞬間、現在進行形で発生している。たとえ日本やＯＥＣＤ加盟国で食料危機が発生していなくても、地球的規模でみれば極めて重大な問題であり、かつ、昨今さらに問題は深刻化している。食料不安を抱える人口は、確実に増加している。

　２０２０年10月9日、国連ＷＦＰが、ノーベル平和賞を受賞した。ノーベル委員会が国連

ＷＦＰにノーベル平和賞を授賞した背景には、飢餓に苦しむ数百万人に世界の目を向け、国連を無視して自国優先を掲げる米国のトランプ政権（当時）を牽制する目的もあるようだ。[4]

ノーベル委員会のライスアンデシェン委員長の会見での言葉「国際連帯と多国間協力の必要性は、かつてないほど顕著になっている。この賞で、飢餓に苦しんだり飢餓の脅威に直面したりしている何百万もの人々に世界の目を向けたい」からは、自国優先ではなく、地球全体を考える多国間主義の世界を取り戻そうという強い想いが伝わってくる。

飢餓とは

また、先ほど引用した『ブリタニカ国際大百科事典』の記述に、「飢餓」という言葉が登場する。飢餓も本書で頻出する言葉なので、まず定義をしておきたい。

国連ＷＦＰ広報の我妻《わがつま》茉莉氏に飢餓の定義を伺ったところ、ＦＡＯの英文サイトにある言葉を引用して教えていただいた。筆者も十分に納得できた記述だったので、翻訳して引用したい。「飢餓とは、エネルギーを十分摂取できないことによって引き起こされる、不快感や痛みを伴う身体感覚のこと。活動的で健康的な生活を送るために、十分な量のエネルギーを定期的に摂取しないと慢性化してしまう。現在、約６億９０００万人が飢餓状態にあると推定されている。ＦＡＯは、過去何十年もの間、世界の飢餓の程度を推定するために『栄養不足による疾病率』という指標を使ってきたので、飢餓を栄養不足と呼ぶこともある」[5]
飢餓とは、単なる空腹感にとどまらず、不快感や痛みを伴う身体感覚なのである。本書では、飢餓は痛みであると解釈して、その現状を述べていきたいと思う。

「食料危機」に比べて、より限られた地域で突発的に発生する食料不足や人々の飢餓を指すのが「飢饉《ききん》」だ。紛争や自然災害による農産物被害などの突発的理由により、食料を入手できない人が、急激に大量に発生する。食料を求めての民衆の抗議活動である「暴動」も起きている。ローマ・ギリシャ時代には複数回の飢饉が起こり、中世には数百万人の農民が餓死した。[6] 中国の清王朝（１６１６〜１９１２年）では、食料生産を上回る人口増加が起きると、需給バランスが崩れて暴動が起きた。[7] アイルランドでは１７４０年、１７９９年、１８１６年、１８４５年に飢饉が起き、１８４５年に降雨と霜によって起きたそれは「ジャガイモ飢饉」と呼ばれ、死亡者数は１００万人を超えた。[7] １７７４年、フランスの財務総監、テュルゴーが、穀物取引の自由化措置を実施した。民衆は、自分たちの村の穀物が運び去られるのではないかという不安や怒りから、１７７５年「小麦粉戦争」と呼ばれる大規模な暴動を引き起こした。[7] オスマン帝国では、1787年に飢饉が起き、オスマン皇帝の親衛隊の隊員が食料を闇市場に流した。[7] 抗議の声をあげる群衆を、軍隊が蹴散らした。1943年のインドのベンガル飢饉は戦時インフレが要因で発生し、300万人が亡くなった。[7] 1888年から1992年の間に起きたエチオピア大飢饉は、旱魃《かんばつ》、戦争などの要因が複合的に重なって起き、総人口の3分の1を消滅させた。[8] 中でも1984年の大飢饉では100万人の死者を出しており、翌年1985年にチャリティーソング“We are the World”が収録された。[9]

2000年以降に起こった、食料をめぐる暴動

食料をめぐる暴動は、遠い昔だけのことではない。2000年代に入ってからも起こっている。

2007年から2008年にかけて、世界の小麦・米・トウモロコシ・大豆の価格が、それまでの最高価格のおよそ3倍に値上がりした。[10] タイでは米泥棒が登場し、2008年1～3月にはスーダンで難民キャンプ200万人に穀物を提供していた国連WFPの穀物を積んだトラック56台が乗っ取られた。[10] エジプトではパンの配給の列で喧嘩のために死亡者まで出る騒ぎとなり、他にもモロッコ、イエメン、カメルーン、エチオピア、ハイチ、インドネシ

ア、メキシコ、フィリピン、セネガルで暴動が勃発した。[10]

2015年に閉所したアース・ポリシー研究所の前所長で環境保護運動の第一人者と称されるレスター・ブラウンは、著書"World on the Edge"（邦訳本『地球に残された時間　80億人を希望に導く最終処方箋』[10]）で、2007〜08年の食料需要の急増をもたらした三つの要因として、「人口増加」「豊かさの増大と肉・牛乳・卵の消費量増加」「穀物を使って自動車用燃料を製造すること」を挙げている。

2　食料危機の現状

絶対的貧困層は7億2900万人

現在、食べ物が十分にない人がどれくらいいるのだろうか。たとえその国の食料の量が十分でも、経済的困窮者は食べ物を入手することができない。2020年10月7日、世界銀行（The World Bank）が発表した推計によると、1日1・90米ドル（約200円）未満で暮らす絶対的貧困層[11]は、2020年末までに7億2900万人となる見込みだ。世界人口のうち

図表1-1　1日1.90米ドル未満で暮らす絶対的貧困層の現時点での予測（2015～2021）

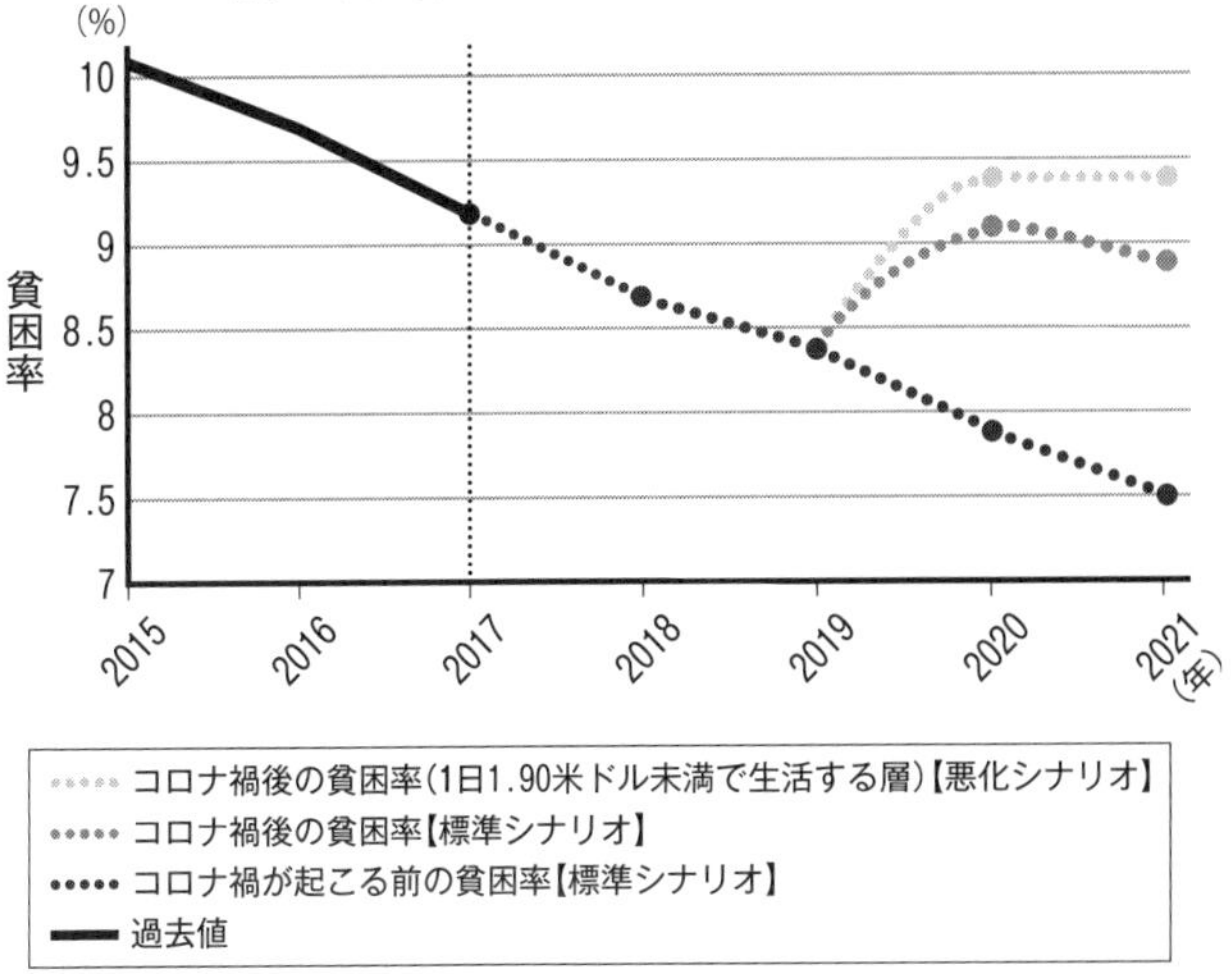

出典：「貧困と繁栄の共有 2020」世界銀行 PovcalNet

9・4%を占める。

COVID－19（新型コロナウイルス感染症）が発生するまでの二十数年間、貧困は徐々に改善傾向を見せていたが、2020年、悪化に転ずることになる。世界銀行が国際的に統一した方法で調査を始めて以来、貧困の増加は最も大きい結果となる。SDGsのゴール1「貧困撲滅」の達成は、残念ながら遠のいてしまった。

十分に食料を確保できない人は、9億4000万人

国連WFPは、栄養不足人口を世

界地図で色分けして示した「ハンガーマップ」を発表している。[12] ２０１９年末からは、これをタイムリーに、ライブで見られるようになった。[13] ２０２０年10月９日現在、十分に食料を確保できない人の数は９億４０００万人と表示されている。

２０２０年７月13日、ＦＡＯは「世界の食料安全保障と栄養の現状」２０２０年報告[14]を発表した。当日にＦＡＯ駐日連絡事務所が発表したニュースリリース「飢餓と栄養不良の増加傾向続く　２０３０年までの飢餓ゼロ達成危ぶまれる　国連の報告書[15]」によれば、「２０１９年に約６億９０００万人が飢餓に陥ったと推定され、２０１８年からは１０００万人、過去５年では６０００万人近くの増加」とある。「ハンガーマップ２０１９[16]」によれば、世界人口の９分の１にあたる８億２１００万人に十分な食料がない現状であるという。前述のＦＡＯの２０１９年の数字より多い。後に登場する国際農林水産業研究センター（ＪＩＲＣＡＳ：ジルカス）の白鳥佐紀子さんに伺ったところ、ハンガーマップの８億２１００万人は、２０１９年までの計算方法で計算した数字とのこと。「６億９０００万人」は２０２０年に若干計算方法を変えた（中国を含む多くの国のデータを更新した）ため、少なく見えるが、２０１４年から緩やかな上昇傾向にあるのには変わらないそうだ。

極度の食料不安を抱える人は2億7000万人

国連WFPが2020年11月17日に行った会見によると、極度の食料不安を抱える人は約2億7000万人で[17]、新型コロナウイルスのパンデミック前より8割増えたという。別の国連WFPの発表によると[18]、COVID－19以前の極度の飢餓人口は推定1億4900万人であり、1億2100万人増えたことになる。11月17日時点での新型コロナウイルスの感染者、5550万人（回復者3560万人）の4倍以上となっている。

「食料危機に対するグローバルネットワーク」が2020年4月21日に発表したニュースリリースによれば、2019年末、急性で深刻な食料不安（IPC／CHフェーズ3以上[19]）を経験していた人は、55の国と地域で1億3500万人。同報告書の集計方法だと、国連WFPの、食料不安を1億9000万としたデータよりもさらに人数が増えるようだ。これは国連の年次報告書で毎年報告されている慢性的・構造的な飢餓と同じではなく、極度の飢餓であり、より深刻な状況を指す。危機的状況にある人の増加は、過去4年間で最も高かった。

2018年と2019年を比較すると、1100万人増加している。これは、コンゴ民主共和国や南スーダンなど、情勢の悪化や、ハイチ・パキスタン・ジンバブエなどにおける旱魃や経済危機の深刻化が要因となっている。“2020-Global Report on Food Crises”によれば、

２０１９年に１７００万人の子どもが急性栄養不足による消耗症、７５００万人の子どもが慢性的な栄養不足のために発育阻害に陥っていた。要因としては紛争・極度な気象・経済の混乱などがあり、紛争では７７００万人、極端な気象で３４００万人、経済の混乱で２４００万人が極度の食料不安に陥っている。[3]

２０１５年９月の国連サミットで採択されたＳＤＧｓ（持続可能な開発目標）の考え方は、「誰ひとり取り残さない（No one will be left behind）」[20]である。

また、次の五つのＰを目標としている。

・人間（People）すべての人の人権が尊重され、尊厳をもち、平等に、潜在能力を発揮できるようにする。貧困と飢餓を終わらせ、ジェンダー平等を達成し、すべての人に教育、水と衛生、健康的な生活を保障する

・地球（Planet）責任ある消費と生産、天然資源の持続可能な管理、気候変動への緊急な対応などを通して、地球を破壊から守る

・豊かさ（Prosperity）すべての人が豊かで充実した生活を送れるようにし、自然と調和する

図表1-2　世界で最も深刻な食料危機（IPC/CHフェーズ3かそれ以上）に陥っているワースト10カ国

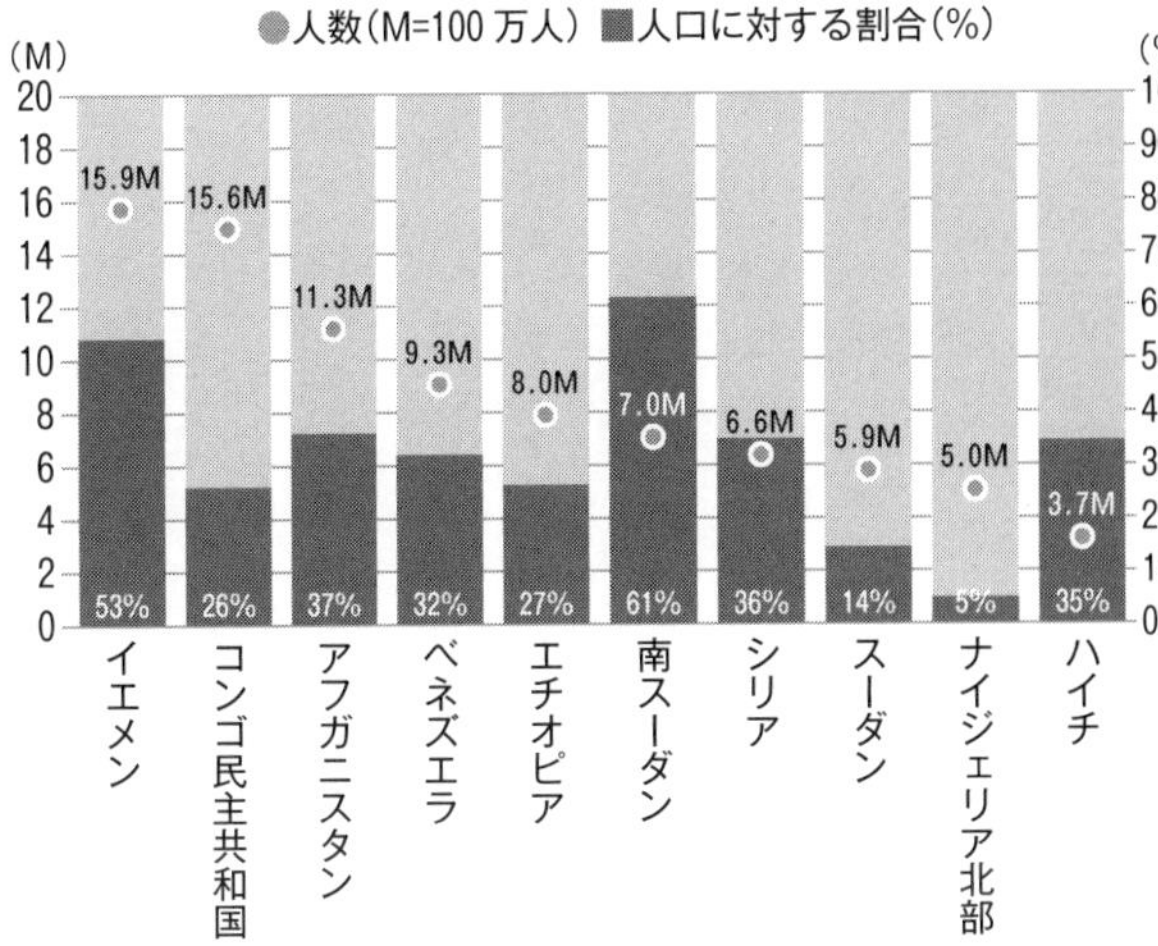

出典：2020-Global Report on Food Crises

経済、社会、技術の進展を確保する
・平和（Peace）平和、公正で、恐怖と暴力のない、インクルーシブな（すべての人が受け入れられ参加できる）世界を目指す
・パートナーシップ（Partnership）政府、民間セクター、市民社会、国連機関を含む多様な関係者が参加する、グローバルなパートナーシップにより実現を目指す

こうして見てみると、地球上に極度の飢餓状態の人が２億７０００万人いて、食料不安を抱えている人が９億４０００万人も存在している。

ＳＤＧｓが掲げる理想には、まだまだ程遠いと言わざるをえない。

3 アフリカの食料事情――白鳥佐紀子さん（国際農研）にお話を聞く

アフリカのガーナ、ブルキナファソ、マダガスカルの農村で世帯調査を実施し、国際栄養問題に取り組んでいる、国立研究開発法人国際農林水産業研究センター（国際農研）研究戦略室主任研究員の白鳥佐紀子さんを取材し、アフリカの食料事情について伺った（取材は２０２０年7月16日に行った）。

国際農研は、英語の略称「ＪＩＲＣＡＳ」から、関係者の間では「ジルカス」と呼ばれることが多い。１９７０年に発足し、創立50周年を迎えた。茨城県つくば市に本所を置く農林水産省所管の研究機関で、世界の食料・環境問題など地球規模課題の解決への貢献を目指し、開発途上地域での農林水産業研究や、日本と海外の農林水産業の研究の連携などを行っている。

昼はササゲ、夜もササゲ

「新型コロナウイルス感染症の影響で、食料援助が困難になったり、フードサプライチェーンが寸断されたりという問題が生じた地域もあります。2020年は穀物の備蓄はあるので、穀物価格の上昇は2020年7月時点では見られませんが、予断は許しません。過去の経済危機は先進国がダメージを受けることが多かったのですが、今回のCOVID－19は、低中所得国（LMC：エルミック）も高所得国（HIC）もすべてに影響がある点がこれまでと異なります。学校給食にほぼすべての栄養（栄養素摂取）を依存している子どもも結構いて、学校の休校に伴い給食がストップしたことも心配の一つです」

飢餓は、世界的には減ってきたものの、2014年から少し増加傾向にあり、その背景には紛争や気候変動、旱魃などがある。また栄養不足人口の割合には地域差があり、現在アジアが過半数だが、2030年にはアフリカ地域が過半数を占めるようになると言う[21]。白鳥さんの研究でも、データを見ると、たとえばブルキナファソの対象農村では1日に3食未満しか食べていない世帯が約6割あったという。そのときに手に入る作物を入手できなければ、食べる回数や量を減らすしかない。

食事調査では、「今週、何を食べた？」と聞くと、「昼はササゲ（アフリカ原産の豆）、夜もササゲ」といったように、ずっと同じものを食べていた人もいたという。アフリカ農村部では、このように、たとえば米、トウモロコシ、キャッサバなど、そのときに手に入る作物を食べ続けるという食生活を送るケースはよく見られる。日本で食事調査を実施する場合、被験者には食事日記を記録してもらうが、1週間の食事すべてを頭の中だけで覚えているのはさすがに難しいだろう。

アフリカの同じ農村内でも、家の造りや身だしなみから貧富の差は垣間《かいま》見られる。アフリカには、トウモロコシや小麦など多くの主食が存在するが、うちマダガスカルは米に多くを依存している文化なのだそうだ。米を中心に、少しの副食を食べるというスタイルで、白鳥さんによれば、FAOの食料需給表から分析すると、日本の1960年頃と栄養素の供給源が似ているのだという。

栄養バランスが満たされない

中でも、紛争のもたらす影響は甚大だ。FAOの「世界の食料安全保障と栄養の現状2017」は、10年以上減少傾向にあった飢餓が増加傾向に転じたのは紛争が主な要因であるとしている。2018年1月31日付、国連WFPの「深刻化する紛争地域の飢餓」によれば、紛争地域では飢餓状況がひどく、イエメンでは人口の60％にあたる1700万人が緊急の飢餓状況にあるとされている。この状況は、２０２０年に発行された"Global Report on Food Crises"でもさほど変わっておらず、イエメンでは１５９０万人が緊急の飢餓状況にある。

マダガスカルの農村では主に米を作っているが、その単位当たり収量は他の国や地域と比較して低く、十分な生産ができているとは言えない。家計収入の多くを米販売の収入に頼る農家もよくみられるが、収入が季節によって変動するうえ、同時期に他の農家も米を販売して価格が低下することもある。収入が不十分で不安定であることは貧困につながる。米だけを食べていても栄養バランスは満たされないため、他にも多くの種類の食品を食べることが望まれるが、例えば動物性食品などは比較的高価であり、貧しい家計ではなかなか手に入らない。

この白鳥さんの話を伺って、思い出したことがある。

筆者は、かつてＪＩＣＡ青年海外協力隊の食品加工隊員として、フィリピン・ルソン島のバランガイ（村）で低体重児へのおやつ提供や、手に職がない農村女性にモロヘイヤの食品加工法や調理法を指導し、作ったものを街で販売して収入を得られるようにする活動を地元ＮＧＯと行っていた。農村では、米は栽培していても、おかずが手に入らない。仕方ないのでご飯にインスタントコーヒーを溶いたお湯をかけて食べているという話も聞いた。エネルギー不足はもちろんのこと、タンパク質や微量栄養素（ビタミン・ミネラル）が充足していない。5歳児なのに、2歳児並みの成長で止まっている子どももいた。フィリピンのＦＮＲＩ（Food and Nutrition Research Institute）[22]のデータを見ると、２００８年時点で０〜５歳児の低体重児が国内に26・2％いる。南部の地方では割合がさらに高い。

２０１２年から２０１４年にかけて、このかつての赴任地へ年に２〜３回通ったことがあった。フィリピンから日本に定期的に輸出しているある農産物が、一つの輸出会社だけで年間１００〜２００トン廃棄されているという。日本の規格が厳格であるためだ。そこで、その余剰農産物を、加工して賞味期限を6カ月に延ばしたり、国内の困窮家庭の子どもたちに寄付したりするフードバンク活動を行ったのだ。

アエタ（Aeta）族という先住民族が住んでいる山へ行ったときには、ルソン島中央部にあるタルラック州の州都タルラック（Tarlac）から車を途中で乗り換え、水牛が荷物を運ぶ川を車で渡り、ようやくたどりついた。大雨で水量が増える時期には歩いて川を渡るため、タルラック市中心部からアエタ族の住む場所（Aeta Community）まで、直線距離にして35キロの距離を移動するのに片道7時間かかるという。

フィリピンでは、他の東南アジア同様、首都でも連日渋滞が起きており、移動がままなら

アエタ族が住む村。アエタ族は肌の色が黒く巻き髪が特徴
（撮影：和田裕介氏）

ない。1991年にはピナツボ火山が20世紀最大の噴火を起こした。筆者の赴任中も雨季にラハール（火山泥流）が流れることがあったが、そうなると、通常ならバスで2〜3時間で行ける道を迂回していかなければならず、7時間ほどかかってしまう。

国内に鉄道網は普及しておらず、飛行機は庶民にとって高嶺の花。移動は基本的に陸路のみ。近距離ならジープを改良したジープニー（乗合ジープ、2020年10月現在、料金8ペソ、日本円で約17円）、長距離ならバス。料金の若干高めなバスはエアコンつきだが、安いバスには窓ガラスもなければ閉めるためのドアもない。

蛇足だが、この長距離バスで移動途中に

入ったトイレは、コンクリートの打ちっぱなしに一本の溝があり、便器がなく、木の扉の入り口にひしゃくを持った高齢男性が待機しており、彼に小銭を渡して流してもらうというものだった。便座やトイレットペーパーのないトイレはフィリピン国内ではよく見るが、便器そのものがないトイレを見たのはこのときが初めてだった。

日本では、安価で時間通りに移動できる公共交通網が発達しており、都心では徒歩圏内にコンビニがあるが、低中所得国ではインフラが整っておらず、日常的に市場へアクセスできない人々が大勢いる。気候変動による自然災害が起きればなおさらアクセスは困難になる。

栄養不良を抱えていない国は一つもない

白鳥さんは、食料の生産量が必要量を超えていればいいという単純な問題ではなく、食料安全保障と栄養問題は密接に結びついている、と話す。食料安全保障とは、ＦＡＯの定義[23]によれば、「すべての人が、いかなる時にも、活動的で健康的な生活に必要なニーズと嗜好を満たすために、十分で安全で栄養のある食料を、物理的、社会的及び経済的に入手可能であること」。その四つの要素とは、下記である。

・Food availability（供給）食料が質・量ともに満たされること
・Food access（アクセス）食料を手に入れられること
・Utilization（利用）食料を利用できること
・Stability（安定）上記三つが安定的であること

このように、どこかに潤沢に食料があったとしても、それを安定的に入手し利用することができなければ、人は必要な栄養を得ることができない。この「食料安全保障」は極めて重要な概念であり、のちに第二章でも再び登場する。

さらに、栄養不良には大きく分けて次の三つがある。

・栄養不足（飢餓）11人に1人（国連WFP、2020[24]）
・栄養過多（過体重・肥満）3人に1人（"Global Nutrition Report, 2020"[25]）
・微量栄養素不足（隠れた飢餓）貧血だけで20億人（WHO：世界保健機関）

これらの問題を同時に抱えていることも多い（二重負荷、三重負荷）。栄養不良を抱えていな

図表1-3　世界で中程度あるいは重度の食料不安に見舞われている人の半数以上はアジアに住んでおり、3分の1以上がアフリカに住んでいる

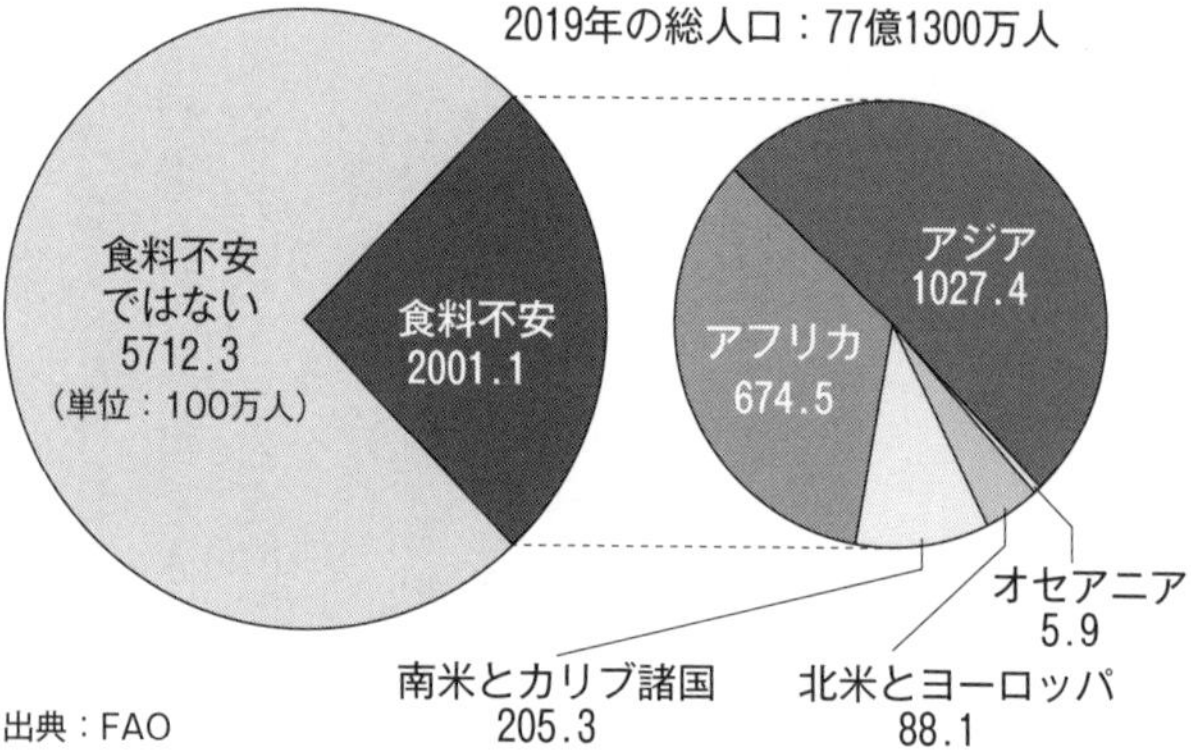

出典：FAO

い国は一つもなく（“Global Nutrition Report, 2018”[26]）、５歳未満の子どもの死亡原因の45%は栄養不良と関連している。

このような問題に対処すべく、農業研究による栄養改善も行われている。たとえば、biofortification（バイオフォーティフィケーション）は、亜鉛強化米やビタミンＡを強化したサツマイモ、鉄分を強化した豆など、その土地でよく食べられている主食の作物自体を育種などによってビタミン・ミネラル類が強化された品種にすることで栄養不足を改善しようとするものである。Harvest Plus（ハーベストプラス）[27]がいち早く取り組みを始め、２０１９年末までに63カ国４２００万人に恩恵をもたらしている。

1960年代の「緑の革命」は、アジアの主要穀物に高収量品種を導入して一気に生産量を増やし、当時非常に問題となっていた食糧危機を回避することに多大な貢献を果たした。この功績により、ノーマン・ボーローグ博士は1970年、農学分野で唯一のノーベル賞（ノーベル平和賞）を受賞した。一方、栄養面から見ると、緑の革命は、米や麦などの主要穀物に特化していたため、作物の単一化が進み、栄養バランスという点では改善があまり見られなくなったというデメリットも指摘されている。量的には満たされても、質の改善には至らなかったため、現在では「食の多様性」という観点が重要視されてきている。また、フードシステム全体を見る視点も必要である。

白鳥さんは、「地球の限界（プラネタリー・バウンダリー[28]）」や「ドーナツ経済学[29]」の考え方に触れ、いままでは経済成長、どんどん増やせばいいという考え方だったのが、環境的にも持続可能な範囲におさめる必要があるという考え方になってきている」「人の健康と、地球や環境の持続可能性のバランスをとれるのが食料や農業の役割」だと語った。

4 「食料危機」に対する各界の専門家の見解を俯瞰する

今後の食料危機の可能性については、様々な分野の専門家が持論を述べている。それらを俯瞰《ふかん》してみると、どのようなことが見えてくるだろうか。2020年のコロナ禍以前のものは、今回の感染症拡大による影響を考慮していないが、その一部を挙げてみる。

◆経済学者　ジャック・アタリ氏

2019年発行の著書“Histoires de L'alimentation”[30]に「食料危機」という表現はしていないが食料問題に言及する記述がある。「食糧需要を占う」「九〇億人を養えるのか」という項の中で「今日の西側諸国と同じ消費モデルを維持してより多くの人々を養うには、今から2050年までに世界の食糧生産量を70％引き上げなければならない。これを達成するのは不可能に思える。そのような目標をまともに達成しようとすれば、人類どころか地球が壊れてしまう」と語っている（邦訳本『食の歴史　人類はこれまで何を食べてきたのか[30]』）。アタリ氏は「2050年、世界人口の少なくとも3分の1は、自らの意思によって、あるいは仕方なく菜食主義者になるはずだ」としている。

◆東京大学　大学院農学生命科学研究科教授　鈴木宣弘《のぶひろ》氏

鈴木氏は、『The Liberty』2020年7月号のインタビューで「残念ながら、日本は食糧危機の備えについても無策です」「アメリカは、『食料は軍事とエネルギーと並ぶ国家存立の3本柱』という考えを持っています。つまり、食料は軍事と同じ安全保障の要です。しかし日本にはその認識が欠けており、『自給率が下がっても仕方がない』という誤った考えが定着しています」と述べている。

また『世界』2020年7月号でも同様に、コロナ・ショックによって価格高騰が起き、食料危機に陥る懸念を指摘している。FAO・WHO（世界保健機関）・WTO（世界貿易機関）の共同声明については「輸出規制の抑制と同時に、いっそうの食料貿易自由化も求めている。輸出規制の原因は貿易自由化にある。それにもかかわらず、その『解決策』として貿易自由化を持ち出すとは、論理破綻も甚だしい。食料自給率の向上ではなく、いっそう食料の海外依存を強めよというのだろうか。コロナ・ショックに乗じた『火事場泥棒』的なショックドクトリンであり、看過できない」としている。

◆株式会社ニューラルCEO　夫馬賢治氏

２０２０年7月発刊の著書『データでわかる２０３０年　地球のすがた』（日経プレミアシリーズ）で、「過去50年間、食料危機が起きなかった理由」として、農法やテクノロジーの改善、農地面積の拡大などによる収量増加で「とてつもない食料増産」を成し遂げたため、としている。今後については気候変動により食料生産量の低下が見込まれるため、欧米の大手企業は将来の食料生産の影響を分析する体制を構築し、収量を上げる取り組みを２０１０年頃から続けていることに言及している。これまでの50年近く、日本では食料危機は起きなかったが、これまで以上に気候変動の影響が増え、食料生産を低下させる恐れがあるので、他国はすでに準備しているということだ。

「ウォルマート、スターバックス、ネスレなどの欧米の大手企業は、すでに仕入れの源流にある農場の場所や経営者まで特定し、食料生産の将来影響を分析できる体制を構築しつつある。気候変動の影響や土壌の変化、汚染の動向を細かく測定することで、栽培品種や作付量、農法を改善し、収量を上げる取り組みを、約10年前から本格的に実行している」と記述している。

◆キヤノングローバル戦略研究所研究主幹　山下一仁氏

2017年の共著『「食」の研究　これからの重要課題』（丸善プラネット）[31]では「所得の高い日本では、穀物の国際価格が高騰しても、食料危機は生じない。日本で生じる可能性が高い食料危機とは、東日本大震災で起こったように、お金があっても、物流が途絶して食料が手に入らない、つまり物理的に食料へのアクセスが困難となるという事態である。最も重大なケースは、日本周辺で軍事的な紛争が生じてシーレーンが破壊され、海外から食料を積んだ船が日本に寄港しようとしても近づけないという事態である」としている。

2018年7月9日には、朝日新聞のウェブサイト「論座」に「『世界人口が増え、食料危機が起きる』のウソ　世界中の農業専門家が作り上げたフェイクニュースの実像に迫る」を寄稿[32]している。世界人口が増えるので、世界の食料生産を60％程度増加しなければならないと、ＦＡＯや農林水産省が見通しを公表している、としており、人口増で食料危機が起きるのは「ＦＡＯや農林水産省など世界中の農業関係者によって作り上げられたフェイクニュースである」と述べている。

なぜＦＡＯや農林水産省が食料危機を煽るのかについて、山下氏は「ＦＡＯに代表される世界の農業界にとって、食料危機を叫べば、生産を増やすべきだということになり、農業保護を目的とした彼らの組織への予算の増加が期待できるから」で、世界の穀物価格が3〜4倍に高騰した2008年ですら日本の食料品の消費者物価指数は2・6％上昇しただけだったので「万が一世界に食料危機が発生し、穀物価格が高騰したとしても、日本で食料危機は生じない」と述べている。

2020年4月26日には「コロナ危機で穀物価格は原油に連動して暴落する　食料危機を煽る人の不都合な真実」を寄稿[33]している。その中で、山下氏は、2008年のような（食料危機の）事態は今回（のコロナ禍）では起きず、その理由は、穀物価格と連動する原油価格が下落していること、としている。むしろ原油価格の下落がトウモロコシ、大豆、小麦、米の大幅な価格の下落を招き、食料危機と真逆の事態が起きるかもしれないと結んでいる。2020年4月14日には、「新型コロナウイルスで食料危機は起きるのか?」を寄稿[34]しており、ここでも前述の共著と同じ趣旨のことが書かれている。

◆FAO（国連食糧農業機関）駐日連絡事務所長　ンブリ・チャールズ・ボリコ氏（Mbuli chrles Boliko）（所属は2020年7月1日インタビュー当時）

さまざまな立場の専門家の意見を紹介してきたが、最後にＦＡＯ駐日連絡事務所長ンブリ・チャールズ・ボリコ氏に行ったインタビューを掲載したい。ボリコ氏に、疑問に思っていることに対してすべて答えていただいたことで、コロナ・ショック以降の食料危機の状況について、確かな知見を得ることができたと思う。

――コロナ禍により、ロシアなど複数の国が食料輸出制限を課しています。２０２０年４月１日、ＦＡＯは、ＷＨＯ・ＷＴＯとともに、世界的な食料不足の発生を共同声明で警告しました。これに関し、農林水産省は「現在ロシアから大量の食料を輸入しているわけではなく、日本への影響は小さい」と言及しています。新型コロナにより、食料の輸出制限が起こり、日本で食料不足が発生すると考えられるのでしょうか。

「今回の食料危機は、史上はじめて起こった食料危機というわけではありません。われわれはすでに過去の食料危機による教訓を得ています。２００７〜２００８年にかけて、物価が上昇した際の食料危機がありました。世界中で暴動が起こり、人が亡くなり、パニックが起こりました。やがていくつかの国が食料輸出を禁じ、食料品の獲得競争がエスカレートしました。市場の混乱もみられました。

そこでわれわれが得た教訓は、食料の輸出制限のような、人々がパニックを起こすような対応は状況を悪化させるだけということです。パニック的反応は、低所得の食料輸入に依存する国々に対し大きなダメージを与えます。国連や国際的人道支援組織でさえ、食料支援が困難になっていました。間違った対応で大きな危機を引き起こしたのです。

共同声明は、２０２０年３月26日のG20サミットの後、31日に出されたもので、ＦＡＯ、ＷＨＯ、ＷＴＯの三つの機関の事務局長が発表しました。２０２０年４月21日のG20農業大臣臨時会合の際にＦＡＯ、ＩＦＡＤ（国際農業開発基金）、世界銀行、国連ＷＦＰの四つの機関からも声明が出されました。この二つの声明には、二つの重要なメッセージが込められています。

一つ目は、食料のサプライチェーンを混乱させないようにしようということ。混乱は、誰の得にもなりません。不要な問題を引き起こすだけであり、最も脆弱で最も貧しい人々にさらなるダメージを与えるだけです。

第二の重要なメッセージは、取引に関する情報です。生産者や消費者だけでなく、貿易業者や加工業者などすべての関係者が、生産、消費量、在庫、価格についての情報に基づいて意思決定できるようにしなければなりません。

食料バリューチェーンを混乱させるような措置をとると状況が悪化します。情報がなければ人々はパニック状態になってしまいます（筆者注：情報があっても、事実と異なる情報は人々をパニック状態に陥らせる。2020年3月末、小池百合子・東京都知事がロックダウン［都市封鎖］という表現を使った緊急記者会見を行った結果、東京都内では夜のスーパーに行列ができ、買い溜めや買い占めが起きた。マスクやトイレットペーパーも、「中国で製造しているから不足する」といったフェイクニュースで多くの人々が買い占めに走った）。

日本でパンデミックが始まった当初、多くのスーパーで米が買い占められていました。政府が『日本には数カ月分の米があるから買い占めの必要はない』ということを伝えたところ、人々は落ち着きを取り戻し、食料を買い込むのをやめました。これが、パニック行動を回避し、合理的な判断をするための情報の力です。合理的で生産的な方法で、状況に対処することができます。パンデミック当初『食料の輸出を制限する』と決定した国のうち、いまも食料輸出を制限している国は大幅に少なくなっています。国際機関による『もっと良い方法があるはずだ』という訴えを聞き入れて、制限を撤廃する国が増えてきています。（筆者注：2020年6月13日時点、輸出制限措置を行なった国や地域は95。ただし解除済み含む。米の輸出制限をしたのがベトナム、カンボジア、ミャンマー、インド、フィリピン、ユーラシア経済連合など。小麦を規制したのがロシアやタジキスタン、ベラルーシなど。モンゴルは米や小麦の輸入関税を削減、エルサルバドルは米輸入関税を撤廃した[35]。2020年10月6日現在、食料囲い込みのために農産物・食品の輸出制限を続けているのは6カ国で、ウクライナ、タジキスタン、エルサルバドル、ホンジュラス、インド、アルジェリア。国際機関は輸出制限の乱用を戒めている[36]

FAOが2020年6月初旬に発行した最新の報告書『食料見通し（Food Outlook）』を見てみましょう。COVID−19による世界的な食料危機は存在しません。各国が、パニックに反応すれば状況が悪化すると、過去の教訓から学んでいて知っているからです。前回の危機（2007〜2008年）と比較すると、世界の食料生産の見通しはポジティブです。生産に大きな問題はなく、備蓄は十分あり、国際的な食料価格も低く、貿易も機能しています。COVID−19による食料危機は、現在（2020年7月）、起きていません」。

ボリコ氏は、食料不足を煽るような情報は人々を混乱に貶め、誰にとってもいいことはない、と語っている。先に山下一仁氏の「FAOが食料危機を煽っている」とする見解を示したが、本当に煽っているのか、疑問である。

なお、ボリコ氏は「COVID−19による食料危機は、現在、起きていません」と仰っていたが、これはCOVID－19による食料不安への影響が全くないということではない。第二章でもボリコ氏のインタビューを掲載するが、そこでボリコ氏は「発展途上国では外出規制がそのまま食料不安につながってしまう」と述べている。

COVID－19により、食料の総量が深刻な影響を受けているわけではないが、それを十分に入手できる人の数は確実に減っているのである。

5 「悲観的に準備し楽観的に対処せよ」

大手コンビニ1店舗で、1日1万円以上の食料を捨てている

日本が近いうちに食料危機に陥る事態は考えにくいかもしれない。強者の論理でコンビニ会計という「見切り（値下げ）するより廃棄した方が本部が儲かる」特別な会計方式がまかり通り、コンビニ1店舗あたり年間468万円（公正取引委員会2020年9月2日発表の調査結果[37]より、中央値）分の食料を捨てている。国税庁の「民間給与実態統計調査（平成30年分）[38]」によれば、給与所得者の平均給与は436万円。一般的給与所得者の平均年収を上回

る額の、まだ食べられる食品を捨てているということだ。社会的弱者や脆弱な人たちの分の食料を、日本は相当量、奪っている可能性はないだろうか。世界で捨てている食料の、全量ではなくとも、ほんの一部分だけで、いま飢えている人たちを賄っていけるというのはデータが示している。世界では約26億トンの穀物が生産されており[39]、世界人口に平等に分配されていれば、一人あたり年間３４０キロ以上食べられる。日本に住む人が食べている穀物は年間１５４キロである[40]。

地球資源の危機が差し迫り、一人ひとりが地球全体を考えることが求められているからこそ、２０１５年９月の国連サミットでＳＤＧｓが採択されたのではないか。少なくとも、気候変動の専門家は事態を楽観的には見ていない。楽観論者の中に気候変動の専門家はいないように見える。食生活や人々の消費行動が今後どう変わるのかについてはどうなのか。低中所得国の人たちが経済発展に伴い肉食するようになることは予測されている。では、すでに肉を大量に消費している高所得国の人たちは、今後、肉を食べるのを控えるのか。

人がどう行動するかは予測がつきづらい。なぜなら、地球上の人は、亡くなる命と生まれる命が、いまこの瞬間も現在進行形で動きつつあるからだ。食料生産量や価格、人口など、「数」の側面だけでは予測が難しい。

短期的／利己的でなく、中長期的／利他的な姿勢が求められる

食料危機、すなわち飢餓や食料不安をこれ以上起こさないようにするためには、人々が、「今さえよければ」という短期的な対応ではなく、中長期的な対応をしなければならない。そして、「自分さえよければ」という利己的な態度ではなく、まわりの人のために、社会のために、ひいては地球の存続のためにという利他的な姿勢を持つ必要がある。

ドネラ・メドウズらは、『成長の限界』の中で「問題を解決するためになんの行動もとらないということは、強烈な行動をとることに等しい。（中略）何もしないという決定は、破局の危険を増大させるという決定である。われわれは、人類がその機会を失ってしまわないうちに成長の計画的抑制を開始する時間的余裕がどの程度あるかについて、確言することはできない」としている。[41] つまり、人の行動次第で結果が変わるということを述べているのではないだろうか。

ナオミ・クラインは、著書[42]で世界銀行が「このまま行くと世界の温度が4℃上昇し、世界の食料備蓄が減少すると警告している」ことに触れ、「何より恐ろしいのは、多くの主流研究者が、現在の排出ペースのままで行けば4℃を上回る気温上昇が起こると見ていること

だ。ふだんは抑制のきいた国際エネルギー機関（ＩＥＡ）が２０１１年に出した報告書は、『温暖化は６℃上昇に向かって進んでいると予測している』」と述べている。つまり、人々の生活いかんで将来は変わってくるのだ。食料危機の行く末が、今いる人だけでなく、これから生まれてくる人の生活様式でも変わってくるならば、予測するのは非常に困難だ。「人々がこう行動したら」という枕詞《まくらことば》つきで「食料危機」を語ることはできるが、予測はほぼ不可能である。単に物理的な食料や土地の有無だけでは結論づけることはできない。

危機管理評論家の佐《さつ》々《さ》淳行《あつゆき》氏は「悲観的に準備し、楽観的に対処せよ」と話していた[43]という。今の日本は真逆になっているようにも思う。

第二章

食料危機の原因

第一章ではコロナ禍を経た食料危機の現状を見てきた。第二章では、食料不足を起こす要因のうち、主なものを、整理して見ていきたい。

1 分配の不平等

豊作の年でも多くの人が飢餓に陥るのはなぜか

これまで食料危機は、200年以上も前から、様々な専門家により予測されてきた。「食料危機」のテーマで必ずといっていいほど名前が挙がるのが、1798年に『人口論』を出版したイギリスの経済学者、マルサス(1766~1834)だ。人口の増え方に対し、食料が追いつかないため、食料危機が起きると予言した。多くの人の本で、マルサスの肩書きは「経済学者」とされているが、実はマルサスは英国国教会の牧師でもあった。マルサスが「病気や飢餓は地球人口を自然淘汰していく」と言ったことに対し、飢餓問題研究の第一人者であるジャン・ジグレールは、「飢えは自然淘汰であるというマルサスの考え方は根本的にまちがっている」と著書で強く批判している。[1] マルサスの主張は、飢餓は、爆発する世界人口を抑えるのに一役かっているという「必要悪」という考え方だ。「必要悪」といえば、欠品による販売機会損失を防ぐため、多く製造して棚に大量に詰めておき、余ったら廃棄すればいい、余剰食品は必要悪といって、ロスを減らそうとせず平然としている小売企業が存在する。ジグレールは「豊かな食糧が公平に分配されていないということが、現代の人間社会がかかえているいちばんの欠陥ではないだろうか?」と述べている。[1]

１７９８年のマルサスの予想の後、実際には、天然肥料・化学肥料の使用や機械化により、食料増産が達成された。しかし、豊作の年でも多くの人が飢餓に陥るのは、同じ国内においても、生産地での分配の不平等が依然として存在するからである。

世界の食料暴動や飢饉を著書“Food in World History”(２００６年)に詳しく書いたジェフリー・M・ピルチャーは、「一八世紀の世界で起きた出来事は、飢餓は、食糧の生産に関わる問題である以上に、その配分の問題であることをはっきりと示すものである。実際に、凶作はこうした危機の引き金になったが、それがもたらす結末は政治・経済のしくみによって大きく左右された」「食糧をどう配分するかという問題は、その生産と等しく重要であった。貧しい人々が穀物を確保する法的な仕組みが整っていないと、飢餓や社会不安が起きることは必定《ひつじょう》であった」と書いている(邦訳本『食の５００年史』[2])。

つまり、飢餓や暴動を引き起こす食料危機の要因の一つは「分配がうまくいっていない」ことであるともいえる。ピルチャーは、未然に防ぐことができた多くの飢饉について、「国民に開かれた民主的な政府の方が、多様な政策や経済システムを通じて飢饉を回避することができる」「アフリカはこれまで以上に外部の支援と、国内の賢明なリーダーシップを必要としている」と書いている。[2]

さらにピルチャーは、「輸入食品の大半が特権的な都市移住者のものになる一方で、旱魃や戦争の被害を受けた地方では飢餓がはびこっている」と指摘している。[2] ジグレールは「被援助国の社会システムは大変もろく、不正や汚職がまかり通っていることも珍しくない。そういうところに援助物資が届けられると、現地の権力者の手にさえぎられて、飢えている人々にきちんとゆき届かず、人道援助が不公平な社会構造を強化してしまう現象が生じる」と著書で述べている。[1] これは筆者も国際協力の現場で目の当《ま》たりにしたことである。

1940~1960年代にかけて、収量の高い品種改良や肥料、殺虫剤、農薬、灌漑《かんがい》設備、機械の導入による、いわゆる「緑の革命」によって、穀物の生産量は飛躍的に上昇し、食料危機の回避に貢献した。特にメキシコ、インド、トルコ、フィリピンでは大量生産が可能となった。[2] が、経済力のない低所得国では今も食料不足は続いている。そして、ピルチャーが指摘した通り、世界で発生している食の配分と栄養面の不平等は、２０２０年現在も未解決のままである。

食料の安全保障

食料の分配がうまくいっていないことは、ＦＡＯ駐日連絡事務所長のボリコさんも、筆者が行なったインタビューの中で指摘している。

「世界では、十分な食料が生産されているにもかかわらず、多くの人々が飢餓状態にあり、栄養不足に陥っています。非常に複雑な問題です。

ＦＡＯの公式サイトには食料安全保障について四つの重要な定義があり、すべて満たされていれば食料安全保障が実現します。一つ目は『入手可能性』。自分が住んでいるところに十分な食料があるか？

二つ目は『アクセス』です。スーパーや市場で、合法的にアクセスし、入手できる。法的にも経済的にも社会的にも。

三つ目が『利用』。健康的な食生活を維持するためには、食べ物を手に入れ、健康的に楽しんで食べることが重要。

四つ目が『安定性』。

入手可能性、アクセス、利用、安定性が必要です。これが食料安全保障の四つの条件です。

飢餓の主な原因は貧困です。食料を購入する経済力がなければ飢餓から抜け出すことはできません。そのため、FAOは貧困と飢餓を常に一緒に扱います。研究成果や最新の報告書から、人々が飢餓状態を維持し食料不安に陥る三つの要素がわかってきました。

一つ目は紛争です。紛争が起きれば、食べ物を入手しに行くことができません。道路が封鎖されたり戦闘機が飛来したりして食料が手に入らなくなることもあります。

二つ目は自然災害です。これは気候変動の影響を受け、日常生活に悲惨な結果をもたらします。レジリエンスの弱い国では深刻な問題が発生します。

三つ目に経済の停滞や低迷。貧しい国の家庭では食料を買うお金が減少し、飢餓状態に陥り、健康な栄養状態を失います。同じことが、輸入に依存する途上国にも当てはまります。小島嶼《とうしょ》国では経済が悪化すると食料の輸入が難しくなります。貧困も飢餓によって引き起こされています。食料安全保障の要素四つすべてを満たしていなければならず、一つでも欠けていると食料不安になります」

イエメンはなぜ飢餓が多いのか

では実際に、飢餓の多い国々の内情はどうなっているのか。いくつかの国のアウトラインを描いてみたいと思う。

まず、最も飢餓の多いイエメン共和国の状況を外務省公式サイトで見てみよう。イエメンは、アラブの最貧国の一つ。主要産業は石油・天然ガス産業と農業・漁業だが、2015年以降、紛争の激化により、主要産業である石油とガスの収入が激減している。フーシ（ホーシー）派の首都占拠で財政が著しく悪化し、公務員や医療関係者の給与未払いが続いている。一人あたりのGNI（国民総所得）は940ドル（2019年・世界銀行）、全人口の8割にあたる約2400万人が、何らかの人道支援と保健を必要としている。特に食料・医療・衛生状況は深刻で、約1000万人が慢性的な食料不足状態にある。

その最大の理由が紛争だ。暫定政権を支持するサウジアラビアの連合軍が2015年に軍事介入を始め、以降、「世界最悪の人道危機」と呼ばれている。[3] また、2020年4月8日、サウジアラビア主導の連合軍が、反政府武装組織フーシ派との戦闘を4月9日正午から2週間停止すると発表した。[4] 2020年9月27日には、国連が、暫定政権とフーシ派が双方で合計およそ１０００人の捕虜を２週間以内に釈放すると発表している。国連の仲介により、２０１８年12月に和平協議が行われ、事態は徐々に改善してはいるものの、５年間の内戦で10万人以上が死亡した影響は、決してすぐにリセットできるようなものではないだろう。

「イエメン」と聞くと、筆者の青年海外協力隊時代を思い起こす。同期でイエメン赴任が決まっていた隊員が、赴任直前で派遣中止になり、アフリカへ赴任国変更になった。以前から不安定な情勢なのだと思われる。

ユニセフのニュースレター“unicef news Vol.267, 2020”には、イエメンの避難民キャンプで暮らす10歳の女の子が写真入りで紹介されていた。学校は休校になっており、彼女は給水所へ水を汲みにいったり、台所でお母さんとご飯を作ったりしている。イエメン国内に35以上ある前線では争いが断続的に起こり、砲撃音が頻繁に聞こえ、毎月平均50人の子どもが砲撃や戦闘で亡くなり、90人以上が負傷している。国内の医療システムや経済は荒廃し、人々の命を守る保健員の給与は、もう何年も払われていないのだという。

続いて、二番目に飢餓人口が多いコンゴ民主共和国はどうなっているのか。

コンゴ民主共和国では、２０２０年９月現在、人口約８９００万人のうち、２１８０万人が十分な食料を得ることができていない[6]。主要産業は、農林水産業（パーム油、綿花、コーヒー、木材、天然ゴムなど）、鉱業・エネルギー産業（銅、コバルト、ダイヤモンド、金、錫石《すず》、コルタン、原油など）、製造業（セメント、製鉄など）。一人あたりのGNIは520ドル（2019年、世界銀行）[7]。

ナイジェリア連邦共和国の北部では2020年6～8月、食料危機人口が870万人と最多になった（2019年比73％増）。ソマリア連邦共和国では2020年7～9月、350万人が食料不足になり、スーダン共和国では2020年6～9月、人道支援が必要な人が960万人になった[8]。

ナイジェリアの主要産業は農業、原油、天然ガス、通信など。一人あたりのGNIは1960ドル[9]。ソマリアの主要産業は畜産業（ラクダ、羊、山羊、牛など）、農業（ソルガム、メイズ、米、豆、ゴマなど）。一人あたりのGDPは433ドル[10]。スーダンの主要産業は鉱業、農業、林業、畜産業、漁業。一人あたりのGNIは997・3ドル[7・9]。アフリカ疾病予防管理センターによると、2020年9月10日までのアフリカの新型コロナウイルス感染症患者はおよそ132万人。そのうち約3万人が亡くなった[11]。ソマリアでは人口約1500万人（2019年）のうち約3000人、死者は97人[12]。2020年に入ってからは、バッタの被害にもさらされている。

スーダンでは、2018年12月から食料価格高騰に抗議する市民のデモが起きており[13]、スーダン中央統計局の2020年9月13日の発表によると、2020年8月の消費者物価上昇率は2019年同月対比で167%となった[14]。野菜や果物、チーズ、卵や砂糖などの食料品価格が高騰している。

アフリカ南部のモザンビークでは、イスラム過激派の攻勢により、住民30万人以上が避難し、食料不足が深刻となっている[15]。日本政府は2020年9月23日、国連WFPを通してモザンビークに2億円の食料援助を行うことを発表した。

後発開発途上国

「後発開発途上国（LDC：Least Developed Country）」とは、国連開発計画委員会（CDP）が認定した基準に基づき、国連経済社会理事会の審議を経て、国連総会の決議により認定された、特に開発の遅れた国々を指す。

筆者は、農林水産省の日・ASEAN食産業人材育成官民共同プロジェクト寄付講座の講師として、これまで6カ国へ8回渡航しており、LDCの一つであるカンボジアやミャンマーへ渡航したことがある。カンボジア王立農業大学（ＲＵＡ：Royal University of Agriculture）や、ミャンマーのイエジン農業大学（ＹＡＵ：Yezin Agricultural University）で、農産物を食品ロスにしないための講義や商品開発ワークショップを行った。高所得国では物を無駄にしないサーキュラー・エコノミー（循環型経済）が提唱されているが、ＬＤＣでは無駄をなくす以前に、経済発展を望む風潮がまだまだ強い。

世界銀行副総裁の西尾昭彦氏は、「カンボジアでは外国人旅行者が80％減り、それだけで雇用が１００万人分失われた」と指摘する。[16]

2　搾取主義の食料システムとヒエラルキー

ドールやデルモンテによる独占

食料をめぐり、高所得国が低所得国から搾取する構図は今に始まったことではない。１９８２年に出版され、２０１９年現在61刷を重ねる名著『バナナと日本人　フィリピン農園と食卓のあいだ』（鶴見良行著、岩波新書）[17]には、１９００年代初頭から、多国籍企業によるフィリピンの土地および農産業搾取の事例が事細かに描写されている。

たとえば１９２６年、デルモンテ社は、パイナップル農園用の８０００ヘクタールもの土地をミンダナオ島に確保した。米軍に働きかけ、海軍基地とし、海軍から土地を租借したのだ。25年の長期契約だが、満期前の１９５６年に更新されており、18年間に同社が支払った地代はわずか４１００ドル（２０２０年10月のレートで43万円）。ドール社もデルモンテ社と同様な方法で１９６３年、５６００ヘクタールを獲得した。

そしてドール社、デルモンテ社に加えてユナイテッド・ブランズ社（チキータ）、住友商事の当時４社がミンダナオ島を拠点にパイナップルやバナナ産業を牛耳っていく。

世界のバナナ産業の大半をチキータ（ユニフルーティ）、デルモンテ、ドールなどが独占している状況は２０２０年現在も変わらない。著者の鶴見良行氏は「つましく生きようとする日本の市民が、食物を作っている人びとの苦しみに対して多少とも思いをはせるのが、消費者としてのまっとうなあり方ではあるまいか」と読者に問うている。

フィリピンで撮影されたドキュメンタリー映画『甘いバナナの苦い現実』（村上良太監督、アジア太平洋資料センター制作）では、21世紀の現代もなお、多国籍企業に苛《さいな》まれる現地の様子が映像で描かれている。不透明で不公正な契約をさせられた現地の人たちは、農薬の空中撒布《さんぷ》にさらされ、皮膚や目の異常を訴え、飲み水の汚染に苦しんでいる。

強者と弱者の関係

米国在住のエコノミストでジャーナリストのラジ・パテルは、著書“Stuffed and Starved”(2007,Meiville House)で、現在の食料システムが完全に荒廃しており、その害悪が広範に及んでいると指摘している。大規模な動物虐待、地球温暖化の助長、肥沃な土地の荒廃……。さらに、たとえ食料が十分にあっても食料を独占する人により弱者に分配されないとも記している。たとえば１９４３年にインドで発生したベンガル飢餓は、食料の不足よりも食料を買えないことが、飢餓と密接に関係していたことを経済学者アマルティア・センが明らかにした。[18]食料は十分にあったのに、食料が不足すれば価格が上がると考えた人々が食料を貯め込んでいたのだ。同様に、食料援助が行われたアフリカの国々には、「そこに住んでいる人に行き渡るだけの十分な食料があったが、足りなかったのは分配の仕組みだった」とラジ・パテルは指摘している。食料の量が物理的に充足していれば万事ＯＫ、なのではない。

ラジ・パテルは、世界中にはびこる強者と弱者の関係や搾取の現状を暴いている。たとえばコーヒー生産者が生産するコーヒー豆の価格が1キロ69セントだったのが、１キロ14セントにまで下がっている一方、巨大企業ネスレは2005年に700億ドル以上を売り上げた。ユナイテッド・フルーツ・カンパニー（現ユニフルーティ、チキータブランド）はバナナだけでなく、輸送や通貨を支配し、政権のコネを利用していた。多国籍アグリビジネスの利益は、限られた会社によって支配されている。スーパーマーケットチェーンは卸売業者を支配し、卸売業者は生産者を支配する。この世界はヒエラルキー（上下関係）でできている。

ラジ・パテルが著書で強調しているように、今の食料システムは荒廃した害悪さで、弱者である農民・消費者・労働者と地球を喰い潰す。強欲な強者が食料や利益を独占し、弱者から利益と食料を搾取し、弱者が貧困や飢餓にあえぎ続ける構造はそう簡単には変わらないのだ。

SDGsは「誰一人取り残さない」という理念を掲げている。が、消費する先進諸国が低所得国に栽培させている換金作物や農産物に厳格な規格基準を設け、現地で廃棄処分させているのは、理不尽ではないだろうか。筆者が社会人大学院時代に一緒の研究室だったフィリピン人女性の留学生は、ミンダナオ島出身で、バナナチップを製造し、日本へ輸出する会社で働いていたときの経験を語ってくれた。日本の、ある2社にバナナチップを輸出していたそうだが、2社それぞれ規格が異なるため、大量の規格外が発生する。その「B級品」はフイリピン国内で売るそうだ。とはいえ、余ったバナナチップ全量を売りきれるわけもなく、それでも余ったものは燃料として燃やすとのこと。「バナナチップはよく燃える」と語っていた。

コンビニの恫喝

搾取は国と国との間で起こるだけではない。国の中でも起こっている。群馬県高崎市、イオンモールのすぐ隣でスーパーまるおかを営む、株式会社まるおかの代表取締役社長、丸岡守氏を取材したときのことだ。丸岡社長は、大手コンビニの一部を指して「あれは地主と小作人の現代版」と語った。「(それより)もっと残酷です。昔は地主と小作人でも、今年は米がとれなかったから、いつもは10俵だけど、今年は6俵でいいよって、地主さんが臨機応変にやってくれたわけでしょう。干上がっちゃったらそれこそ万歳になっちゃうから。ところがコンビニときたら、細かいところまでびっしり決めて、これ約束ですから、ってね」

筆者の取材でも、東日本大震災の直後、物がもうなくなってしまったときですら、最大手のコンビニがメーカーに対して「モノ持ってこい!」と怒鳴ったという話をメーカーの経営幹部から伺った。食品ロスを生み出す商慣習の一つである3分の1ルール(賞味期間を3等分し、最初の3分の1が納品期限、次の3分の1を販売期限とする商慣習）の緩和に向けて、国（農林水産省）と食品業界が動き出したのは2012年10月だ。この時からワーキングチームが活動を始めた。しかし、それから8年経った2020年10月になっても、3分の1どころか、5分の1、6分の1といった、短く厳しい納品期限をメーカーに課してくる小売がある。独占禁止法で禁ずる「優越的地位の濫用」がグレーゾーンでまかり通っている。国際NGO「Oxfam International（オックスファム・インターナショナル）」は2020年1月20日に、世界のビリオネア（10億ドル以上の資産を持つ人）が過去10年間で倍増し、最富裕層の2153人は、最貧国層46億人（世界人口の60％）よりも多くの財産を保有していると発表した。[19]巨大な富を、少数の強者、既得権益者が牛耳っているのだ。だからこそ、食料の量がたとえ充足されたとしても、強欲な少数の人間が独占してしまい、平等な分配がなされない状況が今も続いている。アマルティア・センが言った通り、「飢餓とは、十分な食料が手に入らない人たちがいるということであり、十分な食料がないということではない」のだ。

映画『ハニーランド』が語るもの

SDGsは2015年9月、国連サミットで採択された。よく目にするSDGsのアイコンは、17あるゴールを、長方形状に並べたものである。

ここには1番のゴールとして貧困をなくすこと、2番のゴールとして飢餓をなくすことが書かれている。筆者は、ＳＤＧｓの理念をよりわかりやすく表しているのは、「ＳＤＧｓウエディングケーキモデル」と呼ばれるものだと考えている。これは、17のゴールを「環境」「社会」「経済」の3分野に分け、ウェディングケーキのように3段に重ねたものである。

スウェーデンの環境活動家、２００３年生まれのグレタ・トゥーンベリさんが２０２０年1月、スイスで開催されたダボス会議で気候変動についてスピーチをした後、米国のムニューシン財務長官が「まず大学で経済を勉強してから説明してほしいものだ」などと皮肉めいたコメントを出した。だが、ウェディングケーキモデルが示す通り、自然環境から受け取る恵み（土台）があってこそ、われわれは経済を循環させることができている。

このことをよく表していると感じたのが、ドキュメンタリー映画『ハニーランド　永遠の谷』だ（原題“Honeyland”、２０１９年公開）。ギリシャの北、北マケドニアで3年間、４００時間かけて撮影され、アカデミー賞史上初、2部門同時ノミネートされた。主人公はヨーロッパ最後の自然養蜂家の女性。電気も水道もない土地で盲目の母親と暮らしている。主人公は、採れたハチミツのうち、半分は自分がもらい、あとの半分はミツバチに返す。しか

図表2-1　SDGsウェディングケーキモデル

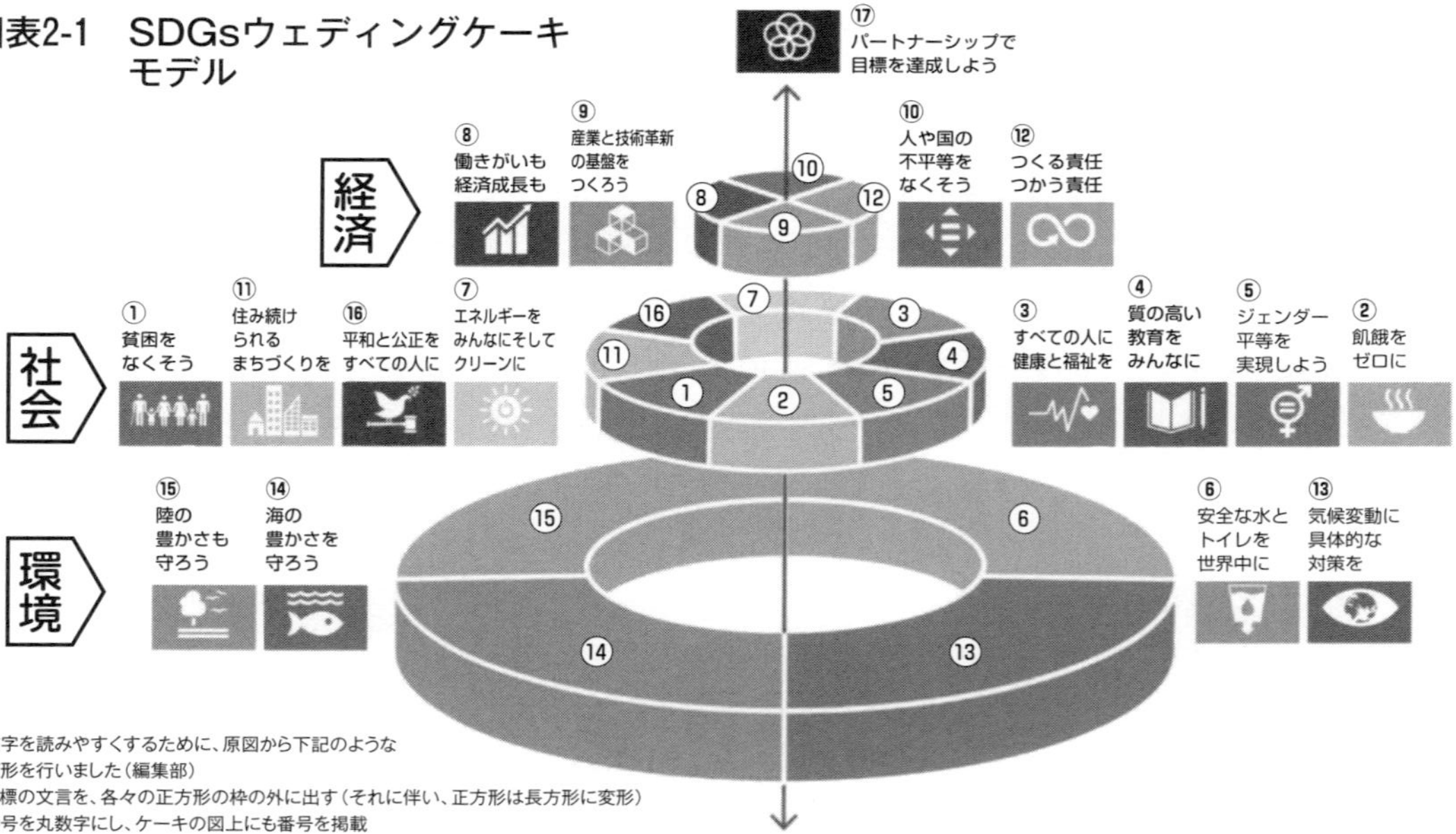

※文字を読みやすくするために、原図から下記のような変形を行いました（編集部）
・目標の文言を、各々の正方形の枠の外に出す（それに伴い、正方形は長方形に変形）
・番号を丸数字にし、ケーキの図上にも番号を掲載し、突如現れた強欲な隣人が、ハチの巣を根こそぎ奪い取り、収入源が途絶えてしまう。

ヒエラルキーは、そこかしこにある。常時だけでなく、非常時にもある。筆者は2013年11月、フィリピンで発生したヨランダ台風の食料支援で、翌月、レイテ島へ行った。食料支援や支援物資は、島内に30近くあるバランガイ（村）に平等に分けられても、そのバランガイのリーダーが身内や関係者で独占してしまうこともある。フィリピンには青年海外協力隊として2年近く赴任したが、その国の中に存在するヒエラルキーは、真に支援が必要な人に物資や食料が届くのを阻害することも多々ある。

3　食品ロス

食べ物の3分の1が捨てられている

まだ食べられるにもかかわらず、賞味期限接近など様々な理由で廃棄される「食品ロス」も、食料の分配の不公平を如実《にょじつ》に示している。そもそも、食品ロスをゼロにしたとしても、食料生産それ自体が膨大な資源を費やし、環境負荷をかけ、気候変動を加速させ、異常気象をもたらし、食料生産を脅かす[20]。世界の温室効果ガスの発生源のうち、およそ30％が食料生産に起因するほどだ。第四章で後述する通り、食品製造の段階で省資源化の動きがある。だが、省資源化してまで作った食品を捨てては元も子もない。

ボリコさんは食品ロスについて、こう述べている。「私たちは食料生産量の推定3分の1を捨てています。資源の膨大な浪費、世界経済への人間の経済的損失は約2・6兆ドルにもなります。ほとんどの人は実感がないので重要性を認識していません。2・6兆ドルを世界経済に注入したら、あと何人の学生が奨学金を受けられるか。どれだけ多くの家族が仕事を見つけられ、どれだけ多くの学校、病院、道路を作ることができたでしょう？　私たちは食料廃棄により、何かを失っています。それだけのお金が利用できるのです。食料ロスと廃棄は私たち全員が闘うべき厳しい課題です。

食料廃棄により、資源の浪費や経済的損失に加え、温室効果ガスの排出が非常に多くなり、さらなる気候変動と異常気象が起こります。食料の生産、流通、消費、すべての過程の努力が損なわれます」。

食品ロスについて、詳しくは第四章で述べるが、ここでまず現状の概要をとらえておきたい。

ＦＡＯによって発行された“The State of Food and Agriculture 2019 : In brief”、その日本語版「世界食料農業白書　２０１９年報告　要約版　さらなる食料ロス・廃棄の削減に向けて」（翻訳・発行　国際農林業協働協会：ＪＡＩＣＡＦ、２０２０年３月）、同じくＦＡＯによる報告書“Global Food Losses and Food Waste”（２０１１年）と、その日本語版「世界の食料ロスと食料廃棄」（翻訳・発行　ＪＡＩＣＡＦ、２０１１年10月）、さらに消費者庁発行の「食品ロス削減関係参考資料（令和２年６月23日版）」、農林水産省や環境省の資料を見ていきたい。

世界の食料廃棄

世界の食料廃棄量は、年間およそ13億トン[21]。生産量のうち、重量ベースで３分の１を捨てている。この数字はマクロデータなので厳密ではないと指摘している研究者もいる。２０２０年２月12日、ジャーナル“PLOS ONE”に研究結果を発表[22]したのは、オランダのワーゲニンゲン大学（Wageningen University & Research）の研究者、モニカ・ファン・エン・ボス・バーマ氏とその同僚ら。バーマ氏らは、ＦＡＯの方法論と、それに基づく数値は、食料廃棄に対する消費者の行動を考慮していないと主張している。ＦＡＯの推計値だと、消費者由来で一人1日あたり214キロカロリーが無駄になっている。だがバーマ氏らの研究によれば、その2倍量にあたる527キロカロリーが無駄になっている可能性がある。また、収入が多い人ほど食べ物を無駄にする傾向があり、一人1日あたりの収入が6・70米ドル（およそ692円、2020年11月9日現在の換算レート）を超えると食品の無駄が増え始めることを論文で言及した。したがって、世界の食料廃棄を抑えるためには、高所得国の食料廃棄を抑制することが必要で、低中所得国も、経済成長に伴い、食料廃棄が増えることを示唆している。

もっとも、バーマ氏の研究で対象としたサンプルは、世界人口のうち67％で、米国やカナダ、オーストラリアなど、大量の食品を消費している国が含まれていない。したがって、この結果に懐疑的な研究者もいる。[23]

このように、マクロデータについては意見が分かれているものの、2020年11月現在も、「年間13億トン」「世界の生産量のうち3分の1を廃棄」という数字が使われている。

低中所得国でも発生している

「食品ロス」というと高所得国のみで発生しているように思われがちだが、低中所得国でも

図表2-2　各地域における消費および消費前の段階での1人当たり食料のロスと廃棄量

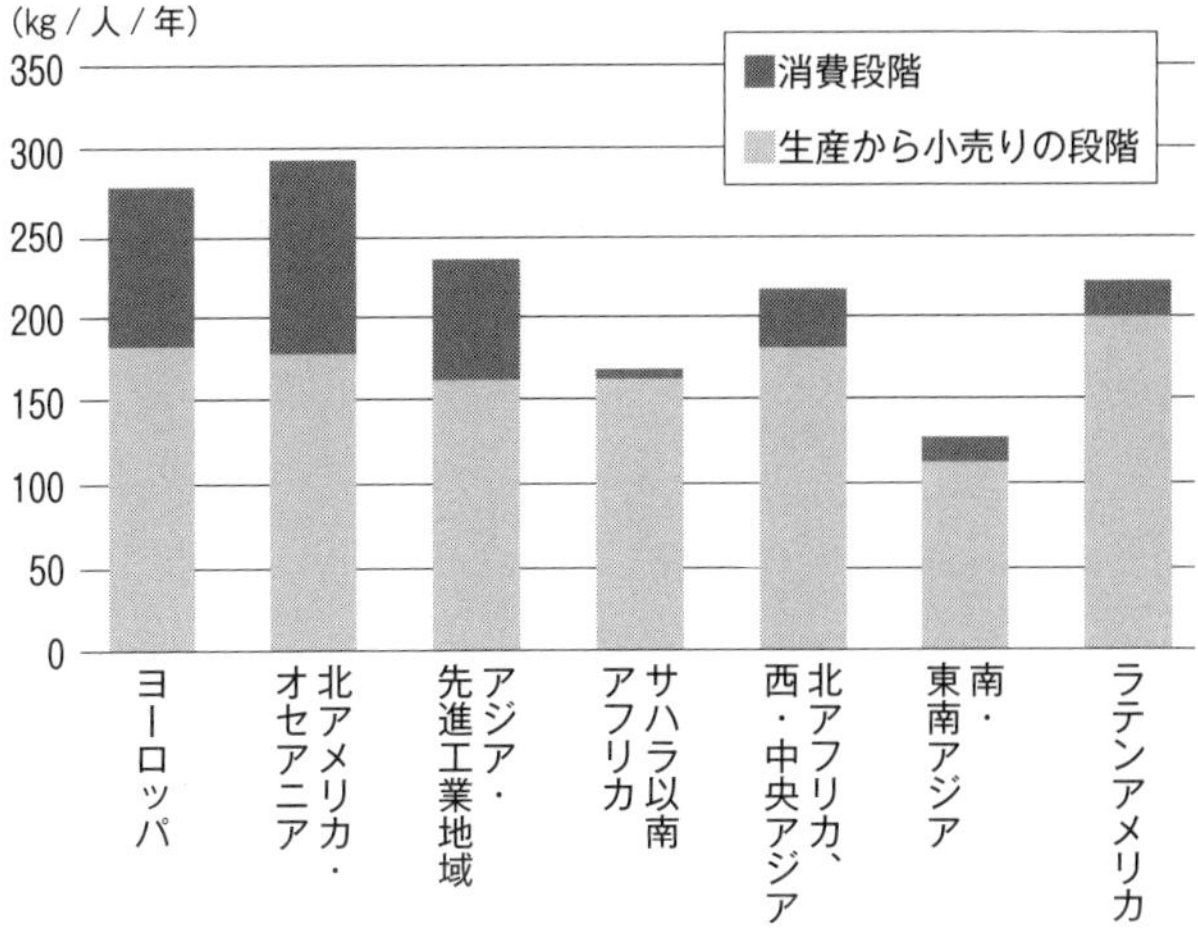

出典：『世界の食料ロスと食料廃棄』JAICAF

発生している。ただし、その発生経路には違いが見られる。

フードサプライチェーンのうち、低所得国では、小売段階に到達する前の生産・輸送といった段階（前半）で廃棄される傾向があり、高所得国では、前半ではもちろん、後半の小売・消費レベルでも廃棄される傾向がある。つまり、所得の高い国ではどの段階でも廃棄されるが、低所得の国ではフードサプライチェーンの前半から中間で失われてしまい、消費者の段階で捨てられる食品は高所得国より少ない。

ＦＡＯと国連環境計画は、食品ロスと廃棄の発生量について、二つの指数の導入を進めている。一つが、小売段階に到達する前の、生産段階や、サプライチェーンの川上における食料ロスの発生量を推定する「食料ロス指数（ＦＬＩ：Food Loss Index）」で、もう一つが、小売段階以降の小売業者や消費者による食料廃棄の発生量を推定する「食料廃棄指数（ＦＷＩ：Food Waste Index）」である。食料ロスと食料廃棄をまとめて「ＦＬＷ：Food Loss and Waste」と呼ばれることが多い。

日本で「フードロス」という表現を耳にするが、ＦＡＯの定義から考えると、小売段階以降消費者段階までで発生する廃棄を含まないことになり、日本国内で使われている「食品ロス」のすべてを網羅しないことになる。このように、英語のFood Lossは、日本でいう「食品ロス」とは定義が異なり、違うものを指す。したがって、筆者は、日本語では「フードロス」ではなく「食品ロス」という語句を使った方が、外国籍の方には、より的確に意味が伝わると考えている。

そしてＳＤＧｓの12・3では、左のページに挙げた目標が定められている。

日本の食品ロス――一番捨てられる食材はきゅうりという調査結果も

日本の場合、魚の骨やりんごの芯など、一般的には食べられない部分（不可食部）と食べ

ターゲット 12．3

> 2030年までに、
> （1）小売・消費レベルにおける世界全体の一人あたりの食料の廃棄（Food Waste）を半減させる
> （2）収穫後損失などの生産・サプライチェーンにおける食料の損失（Food Loss）を減少させる

られる部分（可食部）の両方を含めた「食料廃棄物」のうち、一般的に食べられるもの（可食部）のみを指して「食品ロス」と呼ぶ。

平成23年（2011年）には、日本の年間食品ロス量は、500万〜900万トン、あるいは500万〜800万トンといった幅表示で示していた。その後、平成24年（2012年）以降は、ピンポイントの推計値を発表している。600万トン台で推移しており、微減とはいえ、大きな変化はない。

ただし、この推計値には、畑で捨てられる規格外品や港で廃棄される魚などは含まれていない。また、全国で大量に廃棄されている備蓄食料も含まれていない。そのため、筆者は、捨てられている食品は、実際は推計値より多く発生しているとみている。

平成29年度（2017年度）の推計値は、食品廃棄物が年間2550万トン、うち食品ロスは612万トン。東京都民が1年間に食べる量と同等と言われている。[24] 世界の食料援助量420万トン（2019年度、国連WFP）の1・5倍を日本だけで捨てている。

図表2-3　食品ロス推計値の経年変化

	平成24年度推計	平成25年度推計	平成26年度推計	平成27年度推計	平成28年度推計	平成29年度推計
食品ロス（年間）	624万トン	632万トン	621万トン	646万トン	643万トン	612万トン
国民１人当たりに換算	50kg	50kg	49kg	51kg	51kg	48kg

出典：消費者庁 2020年6月23日発表資料

「企業が食品を多く捨てている」という先入観を持っている消費者も少なくない。長野県で開催された全国食育推進大会で「日本の食品ロスのうち、80％は事業者から出ている」という○×クイズを行った際、８割から９割が「○」と答えた。だが実際は、家庭から46％（２８４万トン）、事業者から54％（３２８万トン）発生している（２０１７年度推計値）。

事業系食品ロスのうち、外食産業由来（１２７万トン）が最も多く、食品製造業（１２１万トン）が次いで多い。食品小売業が64万トンで、食品卸売業が最も少ない（16万トン）。食品小売業より食品製造業の方が数字上は多いので、数字だけパッと見ると「製造業はロスが多い」と見えてしまうが、これは小売業は製造業に返品できることなど、商慣習が背景にある。

事業系ではパン類が多く廃棄されている。家庭では、圧倒的に多いのが野菜類である。これは平成26年度（２０１４年度）の農林水産省の調査でも、後述する２０２０年にハウス食品が発表し

図表2-4　食品ロスの推計結果（平成24～29年度）

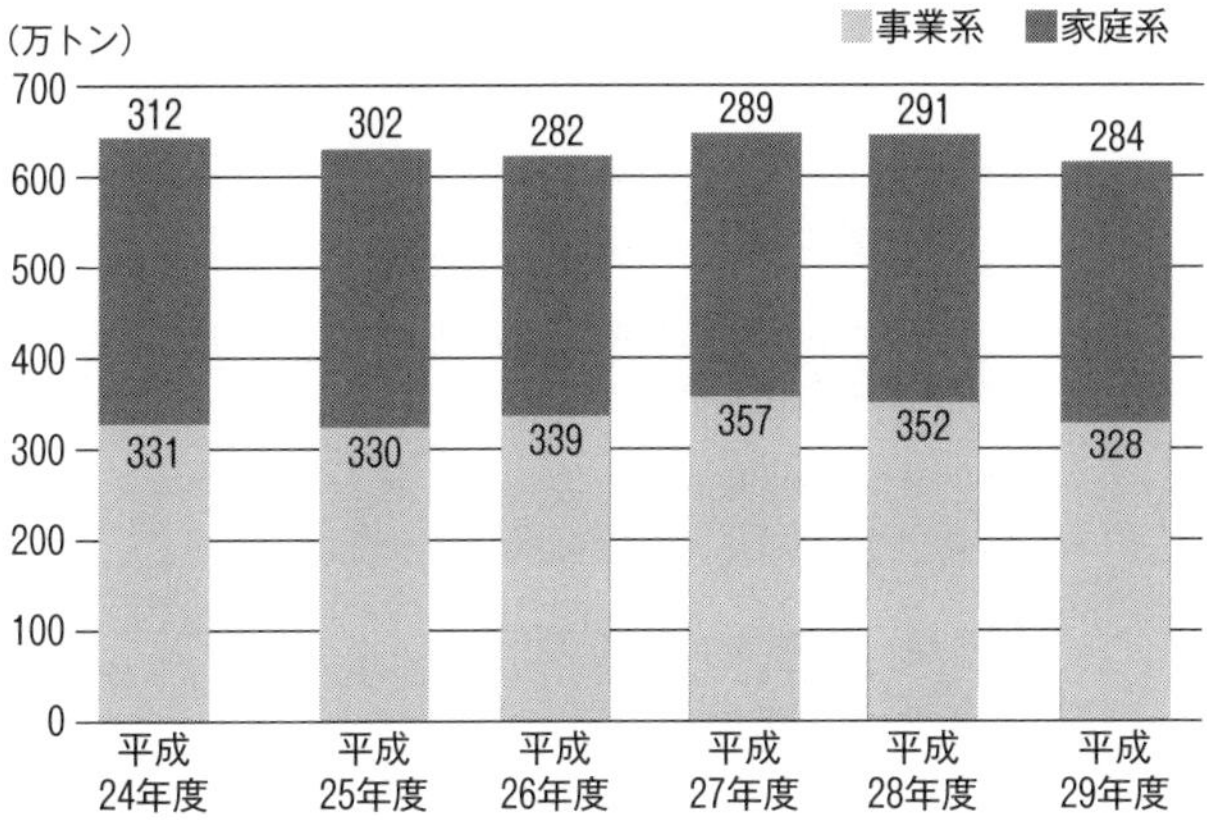

画像制作：Yahoo!JAPAN（データ出典：農林水産省・環境省）

た調査でも同様の傾向である。農林水産省の調査では、食品ロスのうち、半分近くの47・7%が「野菜類」である。

2020年5月、ハウス食品グループ本社が、自社会員サイト登録者6357名を対象に、食品ロスに関する調査結果を発表[25]した。家庭内で捨てている食材の上位は、1位・きゅうり、2位・豆腐、3位・キャベツ、4位・レタス、5位・納豆、6位・牛乳、7位・もやし、8位・パン、9位・食パン、10位・卵という結果だった。同社は2020年9月にも同様の調査結果を発表した。5月の発表のものは2019年7月の調査結果だが、9月の発表は2020年7月の調査結果である。コロナ禍を経て、2019年7月に

図表2-5　世帯員構成別、主な食品別の食品ロス量割合（世帯食一人１日当たり）

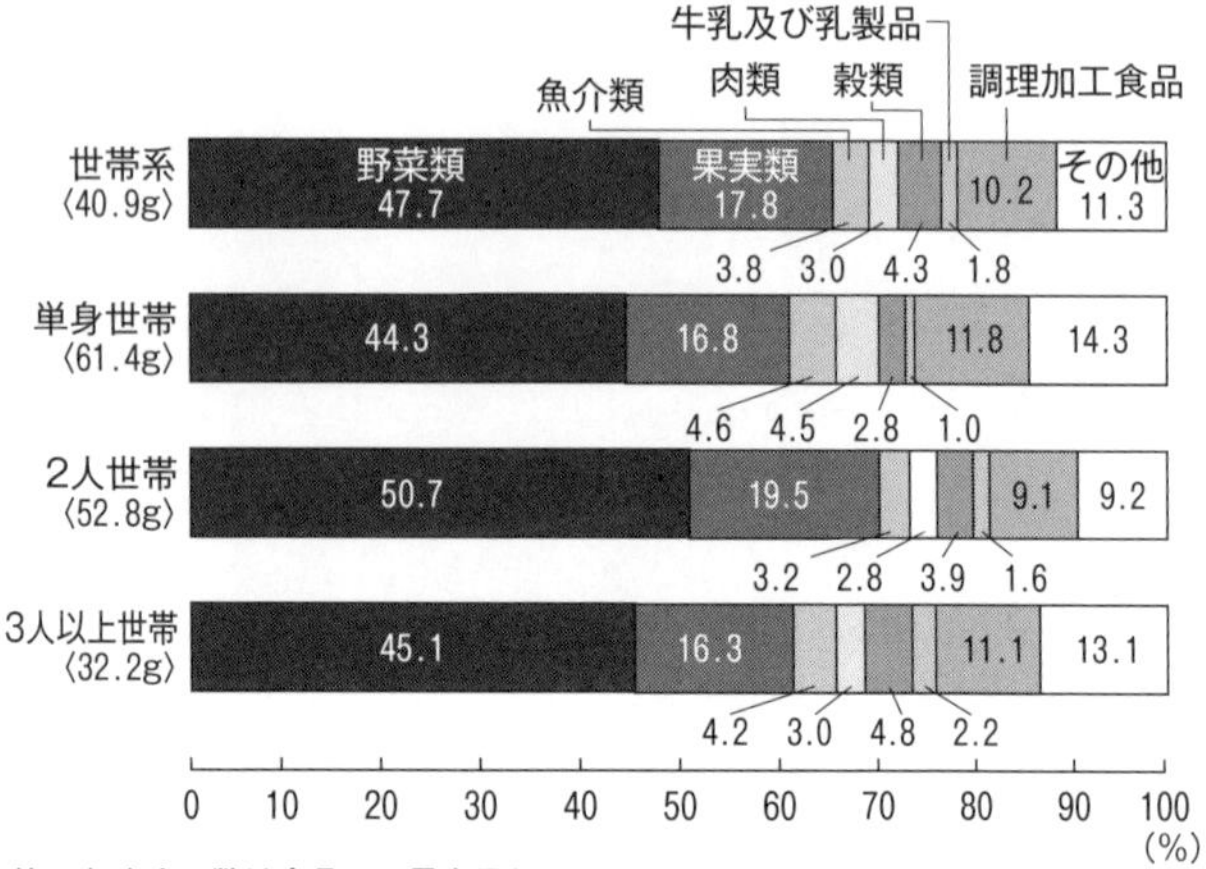

注：〈　〉内の数は食品ロス量を示している。
出典：農林水産省 平成26年度調査

比べて２０２０年７月に家庭で食品を捨てた人は10％近く減る傾向にあったが、やはり最も捨てている食材は「きゅうり」が１位だった。

外食のうち、食品ロスが多いのが、宴会や披露宴である。ここでは飲み物の廃棄が多く見られ、食べ残し量の最も多く占めているのが「飲料」である。

世界のコロナ禍と食品ロス

２０２０年３月に入ってから、コロナ禍による都市封鎖（ロックダウン）が複数の国で実施された。飲食店の店内での営業が禁止になり、学校給食がストップするなど、事業系では食品ロスが発生せざるを得ない状況となった。日本でも、学校給食の食材を一般消費者向けに販売するサイトが立ち上がったり、牛乳を医療関係者や福祉施設へ無償で提供する取り組みが2020年6月14日まで続けられた。

一方、買い物が制限されたため、家庭内の食品ロスは減少傾向が見られた。たとえばイギリスでは2018〜2019年と比べて家庭内の食品ロスが減少し、主要4品目（パン、鶏肉、牛乳、じゃがいも）について、34％の食品ロス削減が見られた。[26]しかし、ロックダウンが解除されると再び家庭の食品ロスが増える傾向も見られた。

8週間のロックダウンが実施されたフランスでは「フランス人の半数以上が、食料生産の社会的・経済的・生態学的な価値への見方を変えた」（Too Good To Go）と報告された。[27]「Too Good To Go が実施した調査によると、33％が食品の廃棄を減らしており、41％が「必要な食品だけを購入している」」、35％が「食費に注意を払っている」などと答えた。

イタリアでは1044名対象の調査が2020年4月16〜17日に、[28]1200名対象の調査が2020年4月29日〜5月5日まで行われた。[29]前者の調査は18〜74歳を対象としており、41％が「パンデミック（COVID－19による緊急事態）前よりも食べ物を捨てる量が少なくなった」と答えた。オーストラリアやアイルランドの調査でも、家庭で食品を捨てる行為が

図表2-6　2018年・2019年・2020年4月の英国の家庭内食品ロス率の変化

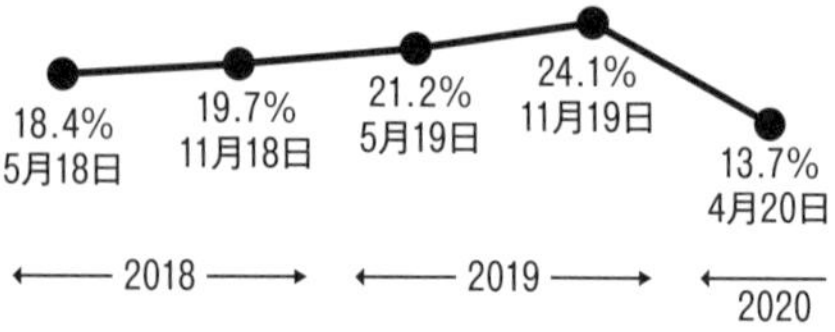

出典：WRAP報告書（2020年5月）

減る傾向が見られた。

全体として言えるのは、「食べ物が限られた量しかない」「めったに入手できない」と意識することで、明らかに購買行動や消費行動が変わり、あるもので賄おうとする工夫が生まれ、無駄や廃棄が減るということだ。これを、いち消費者のみならず、事業者も心得ることで、世界の食品ロスは格段に減り、ひいては食料を必要としている人への分配がより多くなる。「自分が食品ロスを減らしても、途上国の困窮者にその食料を渡せるわけじゃないから減らしても無駄」と主張する人を見かける。まず、自分の国に経済的困窮者が存在していることを知ってほしい。そして、食料の無駄や廃棄が生み出す環境の悪化が、より食料生産を減少させることを理解し、意識や行動を変えていってほしい。

4　気候変動

2017年、水不足で2・4％食料生産が減少

気候変動の影響は、強調してもしすぎることはない。全国地球温暖化防止活動推進センターの公式サイトには、気候変動による将来の主要リスクとして、食料不足をはじめ、水不足や生態系損失などの八つのリスクが挙げられている。

八つのリスクの中でも「水不足」は食料不足に直結する。世界の環境問題について発信を続けるレスター・ブラウンは新著『カウントダウン』[30]で、「世界が直面するリスクとして、飲料水が足りないことはさほど重要ではない。人が1日に必要とする水の量は4リットルにすぎないからだ。それよりむしろ一番の懸念は、一人が1日に口にする食料の生産に必要なおよそ2000リットル、飲む量の500倍である。そして、これこそが難題なのだ」としている。この本では、水不足によるストレスで、世界の穀物収穫量は、2016年の25億9300万トンから、2017年には25億3100万トンと、2・4％（6200万トン）減少したことを指摘している。

レスター・ブラウンは「世界の穀物消費量は主に人口増加により年平均4300万トンずつ増加してきており、その生産のために毎年430億トンの水が新たに必要となる」ことを

図表2-7　気候変動による将来の主要なリスク
（IPCC第5次評価報告書より）

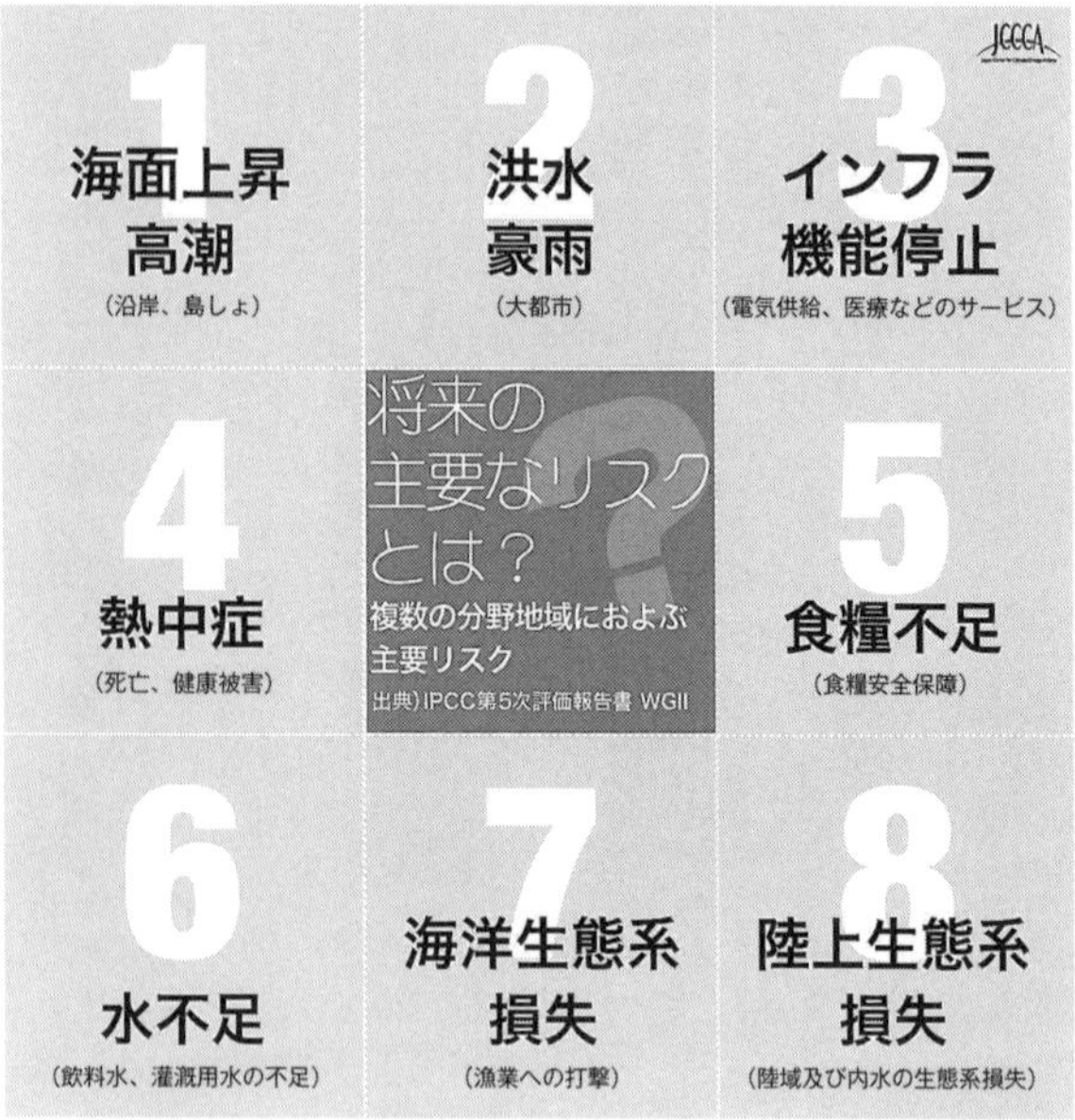

出所：全国地球温暖化防止活動推進センターウェブサイト（http://www.jccca.org/）

指摘しており、これには答えが見つかっていないと前掲書で書いている。しかも水不足は砂漠化につながるだけでなく、水難民の増加や紛争を引き起こす可能性もあるのだ。"Global Report on Food Crises"で「最も食料不足に直面している」とされていた人口2700万人のイエメンでは、首都サヌアの住民は月にたった1日しか水道水を手に入れることができない[30]。レスター・ブラウンは、この水不足は「世界の穀物収穫量の減少としてすぐに顕在化するだろう。帯水層の枯渇や砂漠の拡大は局所的な減少であるが、その影響は地球全体に及ぶ」と書いている。水不足は他人ごとではない。

気温が上がるとなぜトウモロコシの収量が減るのか

１９６０年代の「緑の革命」は、農産物の生産を増やした反面、農薬や肥料の使用が土壌や農家に負荷をかけたという批判も受けた。気候変動により異常気象や自然災害が起こり、それが農畜水産物をはじめとした食料の栽培に影響する。温暖化は、穀物の生産地に影響を及ぼす。米国のスタンフォード大学が過去のデータを調べたところ、気温が平均２度上昇することで、小麦の生育期間が９日間短くなり、収穫量が２割減ったことがわかった[31]。

２０１２年９月18日に農業環境技術研究所が発表した緊急レポート「地球温暖化が進行すると世界の穀物主産地の収量は低下する――四つの気候変化シナリオで米国、ブラジル、中国における２０７０年までのトウモロコシとダイズの生産性を予測」によれば、「気温の上昇に伴う呼吸量の増加と生育期間の短縮による減収効果が、大気中の二酸化炭素濃度の上昇による増収効果を上回るため、収量の低下傾向と３カ国の同時不作確率の増大が引き起こさ

図表2-8　世界の年平均気温偏差

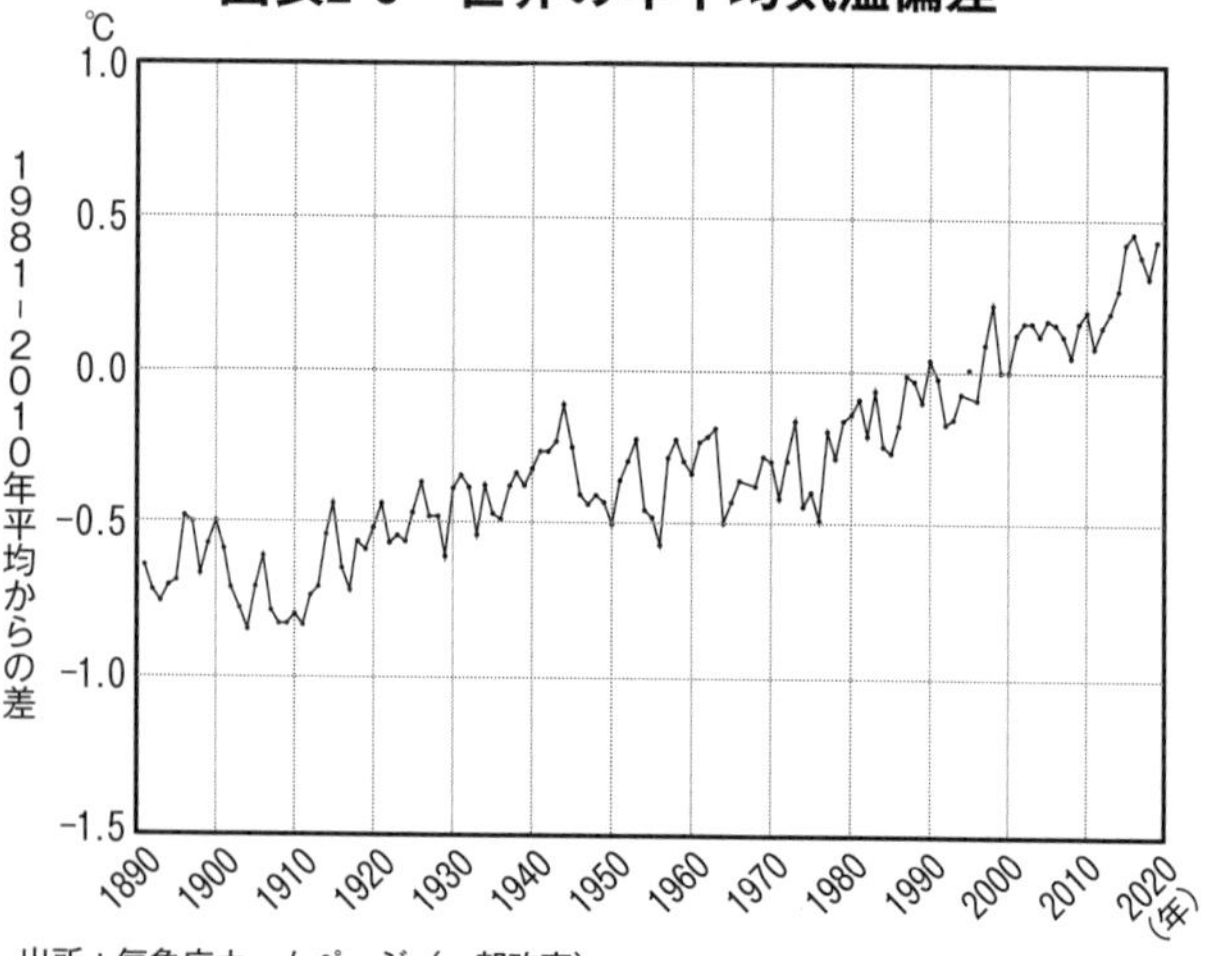

出所：気象庁ホームページ（一部改変）
世界の年平均気温は、様々な変動を繰り返しながら上昇しており、
長期的には100年あたり0.74℃の割合で上昇している。

れる」とある。トウモロコシは、気温が２度上昇すると、米国では17・８％の生産量減少、気温が４度上昇すると46・５％と半分近くも減少する。大豆に関しても、気温が１・８度上昇すると、減産が予想されている。農研機構のレポートによると、地球温暖化による穀物生産被害は、過去30年で、世界全体で年間平均４２４億ドルにのぼる。[32]農研機構の最新の試算によれば、地球温暖化で世界の平均気温が２度上昇した場合、世界の穀物生産に年間８００億ドル（８兆４０００億円）の被害を与えるという。[33]

第三章でも述べるが、日本の中世に

おいて、高温での旱魃が大規模な飢饉をもたらす要因となったと研究者が論文で述べている。「温暖化イコール農業や食料生産にプラス」であると断定することはできない。

5 バイオ燃料（バイオエタノール）

バイオ燃料（バイオエタノール）とは、バイオマスと呼ばれる、再生可能な有機資源（植物や木の資源、下水汚泥、家畜の糞尿、食物残渣《ざんさ》など、動植物に由来する有機物資源）を原料にして作られたエタノールのことを指す[34]。油田の形成に2・5億年以上の年月を必要とする有限な石油資源と違い、現代の人間の生活に伴って生まれてくるものである。また、植物が成長する過程で二酸化炭素を吸収しているので、燃料が燃焼される際に排出される二酸化炭素は相殺されると見なすことができ、二酸化炭素の排出量はプラスマイナスゼロとなる（カーボンニュートラル）。

自然環境に負荷をかけないメリットの反面、コスト高で、日本では、バイオマスによる燃料製造や発電をはじめ、風力や太陽光などの発電を含めた「新エネルギー」の普及率は、2017年現在8・1％である[35]。

２００７～２００８年、世界的な食料危機が発生した際、バイオ燃料が大きく影響したと報じられている。２００８年７月、米国原油先物が１バレル１４７ドルと価格が急上昇、輸送コストが増大した。そのため、米国政府はバイオ燃料を推進し、トウモロコシなどの農産物が「バイオ燃料」に仕向けられ、穀物の需要を増やした。穀物価格をはじめとする食料価格は世界的に上昇し、世界の脆弱な人々をますます食料不足に追い詰めた。２０２０年5月26日付の産経新聞は、当時の食料危機について「食料自給率が低く経済的に貧しい国を直撃し、不満を募らせた民衆による暴動やデモが頻発。カリブ海の島国ハイチでは、議会が首相を解任する事態に発展した」と報じている。一方、ＦＡＯは、２００８年に発表した報告書[36]で、「バイオ燃料による食料価格上昇の影響は15％」と述べた。

バイオマスは「重量あたりの単価が高い順番に使う」のが理想とされており、その順番とは、食料（Food）→繊維（Fiber）→飼料（Feed）→肥料（Fertilizer）→バイオ燃料（Fuel）である。この五つを総称して、「バイオマスの５Ｆ」と呼ばれる。バイオ燃料は優先順位の5番目である。

世界で初めて食用ミドリムシの培養に成功したベンチャー企業、株式会社ユーグレナは、この「バイオマスの５Ｆ」にのっとって、重量単価の高いものから低いものへと順次、事業

図表2-9　バイオマスの利用率

約2400万トン　[利用率]約70.6%

バイオマスの種類		発生量	利用量	利用率
廃棄物系バイオマス	家畜排せつ物	発生量：486万トン	利用量：419万トン	87%
廃棄物系バイオマス	下水汚泥	90万トン	61万トン	68%
廃棄物系バイオマス	黒液	403万トン	403万トン	100%
廃棄物系バイオマス	紙	1.000万トン	814万トン	81%
廃棄物系バイオマス	食品廃棄物	65万トン	19万トン	29%
廃棄物系バイオマス	製材工場等残材	320万トン	310万トン	97%
廃棄物系バイオマス	建設発生木材	220万トン	207万トン	94%
未利用系バイオマス	農作物非食用部（すき込みを除く）	438万トン	139万トン	32%
未利用系バイオマス	林地残材	420万トン	56万トン	13%

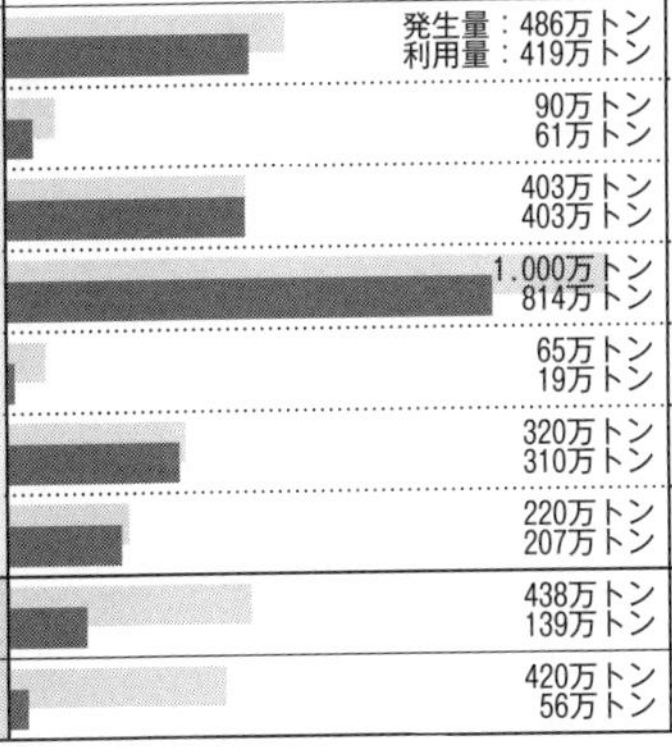

出典：農林水産省「バイオマスの活用をめぐる状況」（2020年8月）

を展開していくことで、バイオマスの生産コスト低減とバイオマスの利用可能性拡大を推進[37]している。ミドリムシはビタミン・ミネラルやＤＨＡ（ドコサヘキサエン酸）、ＥＰＡ（エイコサペンタエン酸）など59種類もの栄養素を含み、動物性・植物性、両方の性質を持っている、藻の仲間である。食料危機を救う一つの素材として期待されている。

２０２０年８月に農林水産省が発表した「バイオマスの活用をめぐる状況」[38]によれば、日本のバイオマスの利用率は70・６％（２０１５年現在）。食品廃棄物の利用率は29％に過ぎない。

世界のバイオマスエネルギー生産につい

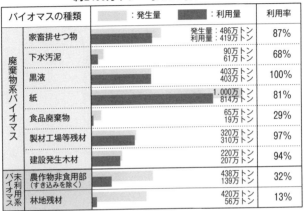

ては、「バイオマスの5F」にのっとって、可食部を使うのではなく、欧州で実施しているように、不可食部でバイオ燃料の生産を行うのが理想ではないだろうか。そうすることで、人間が食べられる食料を消費せずに済む。

6 肉食の増加

牛1キロあたり11~13キロの穀物が必要

1960年からの50年間で、世界の肉の消費量は約5倍に増えた。食肉生産に必要な家畜を育てるには、大量の穀物を消費する。すなわち、人間を養うことができる穀物を大量に奪うのだ。牛は、1キロの肉をつけるために、その10倍以上にあたる約11~13キロもの穀物を食べる。大豆飼料なら20キロ必要というデータもある。[39] 米国では、収穫された全穀類のうち、およそ60%を家畜が消費している。[40]

必要なのは穀物だけではない。大量の水も必要だ。牛肉1キロには2万リットルの水を必要とするが、いま多くの人類は水不足に直面している。2019年時点で、世界の22億人は、安全に管理された飲み水を飲むことができておらず、１億４４００万人は、湖や河川、用水路などの地表水を利用している状況だ。[41] そして、食肉生産は、飢えている人から穀物と水を奪うだけではない。国連の報告書によれば、地球上の温室効果ガスのうち、家畜が出すものが14～18％を占める。世界中の輸送手段を合わせても13・５％なので、家畜はそれより高いのだ。たとえば、反芻《はんすう》動物である牛が出すゲップやおならには、メタンが含まれている。環境負荷は、生産量の減少に影響する。

米国第33代大統領のハリー・Ｓ・トルーマン（１８８４～１９７２）は、極貧にあえぐ人のため「週２回、肉を食べるのを控えてほしい」と国民に訴えた。[42] トルーマンは、日本に原爆を投下し第二次世界大戦を終結させた。後に「人々を皆殺しにしてしまったことを後悔している」と友人に手紙を宛てている。

２０２０年１月にスイスで開催されたダボス会議で、スウェーデンの著名な環境科学者で、ドイツ・ポツダム気候影響研究所のヨハン・ロックストローム博士は「地球上の哺乳類の生物量の96％を人間と家畜が占めるまでになった」と、肉食の拡大が気候変動や生物多様性に与える影響の大きさを強調した。[43]

スウェーデンでは、「肉食は少し恥ずかしい」

筆者が2019年7月にオランダ・デンマーク・スウェーデンへ取材に行った際、スウェーデンでは「環境への影響を考えると、肉を食べるのは少し恥ずかしいという雰囲気になってきている」と伺った。実際、ホテルでは肉を全く使わない料理が提供されるようになっていたし、現地のコンビニでは、ベジタリアン（肉や魚は食べないが、乳製品や卵はとる菜食主義者）より厳しいヴィーガン（完全菜食主義者、肉も乳製品も卵も、動物性のものは一切口にしない）向けの食品が置かれていた。それだけ、一般消費者のニーズが高いということであろう。肉を常食してきた人にとって、完全にやめるのは難しいが、たまに食べる「フレキシタリアン（柔軟な菜食主義者）」や、肉は食べないが魚は食べる「ペスカタリアン」ならなれるかもしれない。

数々の賞を受賞しているアメリカのジャーナリスト、マイケル・ポーランは、動物解放論者のピーター・シンガーが書いた『動物の解放』[44]を読んで菜食主義者になった人が「世の中にどれだけいるかしれません」と著書で書いている。

ヴァンダービルト大学のジャーナリズムの教授、アマンダ・リトルの"The Fate of Food"[45]

図表2-10　食料のカーボンフットプリント

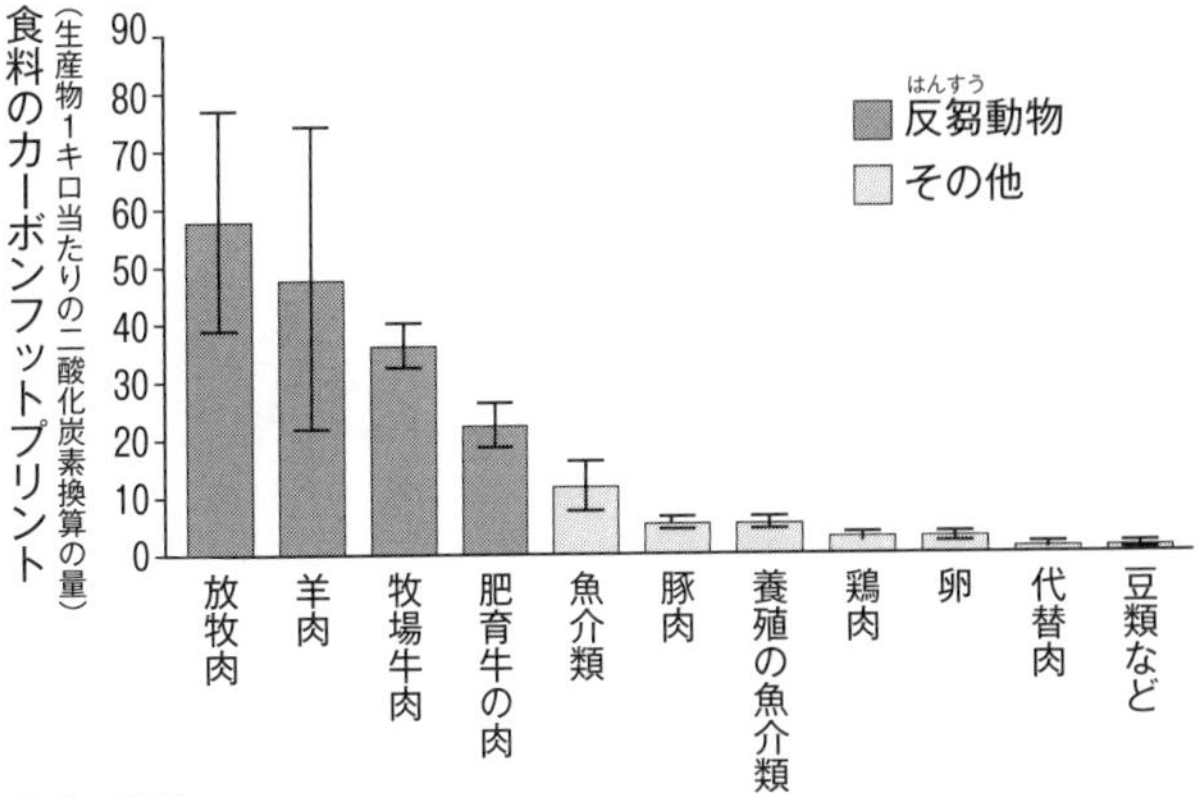

出典：CNN
https://edition.cnn.com/2015/09/29/opinions/sutter-beef-suv-cliamte-two-degrees/index.html

の第8章には、食肉生産の非効率性と培養肉の可能性について書かれている。現在の牛肉生産では、1ポンド（約454グラム）のうち、食用にできる肉はおよそ半分。残りの半分は骨や皮、内臓などで、食べられない（多くの人が食べない）にもかかわらず、生産するのに相当量の飼料と水を必要とする。

一方、培養肉であれば、現行の牛肉生産で発生する温室効果ガスを4分の3以上、使用する水の量も最大で90％削減できる可能性がある、と著者のアマンダ・リトル教授は語っている。培養肉の利点は環境負荷の軽減だけではない。数カ月から数年かけて育てた家畜を殺すという倫理面での負荷を軽減し[46]、人の健康維持・向上にも寄与する。バクテリア（大腸菌や糞など）による汚染のリスクを減らし、心臓疾患や肥満のリスクも減らすことができる。

米国・カリフォルニア州バークリーのメンフィス・ミーツのＣＥＯ、ウマ・ヴァレティはインド出身。"The Fate of Food"に、起業に至った経緯が書かれている。該当部分を翻訳して引用する。

「彼は子どもの頃、友人の誕生会に招かれた際、庭では楽隊が音楽を奏で、客たちが踊り、ヤギ肉のカレーやタンドリーチキンが湯気をたてているのを見た。一方、庭の裏にある浴室は血の海だった。料理人たちが家畜を解体し、内臓を出し、次のタンドリーチキンを用意していたのだ。ウマは「衝撃だった。家のおもてではバースデーパーティが開かれ、裏では家畜の Death デー（死の日）があった。ものすごい幸せとものすごい悲しみが同時に存在していた」

国連は、全世界の肉消費量が、２０１９年現在の２５００億ポンド（約１・１億トン）から、２０５０年には５０００億ポンド（約２・３億トン）にまで成長すると予測している。

畜産で排出される温室効果ガスの量は膨大で、肉の過剰摂取との関連性が指摘されている心臓疾患による死因は世界で第1位となっている（前掲書より）。

ヴァレティは、前掲書の中で、英国の政治家、ウィンストン・チャーチルが１９３１年12月の雑誌『ストランド』に「50年後」と題して書いた記事について触れている。チャーチルはこう書いている。[47]「鶏の胸肉や手羽先を食べるためにニワトリを丸ごと一羽育てるような不条理から逃れるためには、これらの部位を別々に適切な培地で育てる必要がある」。つまり、チャーチルは、商業化に向けて研究が進められている培養肉の時代が未来にやって来ることを予見していたともいえる。

世界各国で培養肉の商業化に向けた研究が進められており、ミンチ肉（ひき肉）の培養肉の可能性が示されている。２０２０年9月現在、東京大学大学院情報理工学系研究科知能機械情報学専攻のバイオハイブリッドシステム研究室では、培養肉の研究が進められており、サイコロステーキ状の培養肉の開発に成功している。[48]

7 バッタの害——前野浩太郎氏（国際農研）のお話

2020年、サバクトビバッタが大発生し、2000万人分の食料不安の影響があるとされている。これについて、『バッタを倒しにアフリカへ』（光文社新書[49]）の著者である、通称バッタ博士、前野浩太郎氏（国立研究開発法人　国際農林水産業研究センター生産環境・畜産領域研究員）に取材させていただいた。バッタの研究者は国内にほとんどいないため、取材した時期は連日マスメディアからの取材が殺到している時だったにもかかわらず、私の取材を受けて下さったのは幸運だった（取材は2020年7月16日に行った）。

発生しやすい気候条件

——2020年、サバクトビバッタが大発生しており、2000万人分の食料不安の影響があるという報道が出ています。過去に比べるとどれほどの規模なのでしょうか。

大規模であることは間違いありませんが、被害の全貌が把握されていないため、過去の事例との比較はしづらいです。発生エリアは東アフリカの角やアラビア半島、インド、パキスタンですが、これらは過去にも大発生しているエリア。頻度やスパンは年によって様々です。

——このバッタの大発生により食料問題にどのような悪影響が生まれる見通しでしょうか。

農作物がバッタに食い荒らされるため、食料不足に陥り、さらに家畜を維持できなくなります。食料不足が起こるといろいろなものの価格が上昇し、家計がひっ迫します。その結果、子どもたちが学校に行けなくなり、教育面にも影響が及びます。年や場所によっては8割以上の農作物がバッタの被害に遭ったとの報告もあります。

——サバクトビバッタ大発生の要因は？

大発生しやすい気象状況は「旱魃のあとに大雨が降る」ことです。サバクトビバッタは、大雨の後に生えてきた植物を食べ、繁殖を始め、数を増やします。通常、天敵であるクモやトカゲ、鳥などが多いとサバクトビバッタは捕食されて死んでしまうため数が増えにくいのですが、旱魃で天敵がいなくなってしまった後に降雨によって生まれた好適な環境に、高い移動能力を生かしていち早く飛んで来ることができるため、普段なら死んでしまう個体も生き延び、結果として爆発的に個体数が増えると考えています。サバクトビバッタが普段いない地域の方が農業が盛んで、そこにいきなり成虫が大群で飛んでくるため、大きな農業被害が突如起こります。ケニアで70年ぶりに大発生したのは、大量のバッタが近隣諸国から飛来し、飛来先のケニアでもすでに大雨が降っていたため、さらに発育・繁殖し、さらに数が増えたためだと考えられています。

――旱魃で、天敵はいなくなり、バッタは生き延びたということでしょうか？

バッタは、わずかにエサが残っている貧弱な環境でも生きながらえることができます。報道やFAOのサイトでは「バッタの寿命は3カ月」とありますが、エサ環境が乏しいと6カ月以上生きます。エサが貧しいときに逆に長生きをする戦略をとっているのです。性成熟が始まると残りの寿命が短くなる性質があり、エサに恵まれないときはなるべく性成熟を遅らせようとするんですね。

バッタは1日100キロ以上移動する

――なぜバッタやイナゴは、ここまで大きな被害を引き起こすのでしょうか。

サバクトビバッタが世界規模の農業被害をもたらす理由の一つは、彼らの生息地が広大だからです。このバッタが被害を及ぼす国は約60カ国にも上ります。地球上の陸地面積の約2割が被害に遭います。生息地が途上国や紛争地域であることも多く、事前に防除ができづらいことも一因となり、被害が広がってしまうのです。

他の理由として、短期間で爆発的に数を増やすことができることと、非常に高い移動能力を挙げることができます。サバクトビバッタは、1日に100キロ以上、風に乗って移動することができます。国境沿いはセンシティブなエリアが多くあり、国境を越えると牽制《けんせい》しあって防除部隊の活動が滞ります。政治関係が悪化するとなおさらです。

さらに、このバッタが贅沢を言わずに植物ならなんでも食べることも、移動先で生き延び、大発生しやすい一因だといえます。

――共食いは？

エサがなくなれば共食いしますが、生きているバッタ同士では起こりません。「生物の面白図鑑」的な本を見ると、サバクトビバッタは共食いすると面白おかしく描いてありましたが、それは間違いです。

殺虫剤をまくと、農地にも被害が出てしまう

――対策として、殺虫剤をまくと、農地への被害も出てしまうでしょうか？

殺虫剤の種類やまき方も影響しますが、それは間違いありません。1960年以降、殺虫剤を撒布するようになってから、バッタ大発生の頻度と発生期間が短くなってきているのは確かです。農作物を植えているところで殺虫剤をまくと、農作物にも被害が出てしまうこともあります。

さらに、殺虫剤で天敵まで殺してしまった場合、長い目で見れば逆効果になってしまうこともあります。殺虫剤をまくときに、住民を避難させる必要もあります。ＦＡＯは「ウルトラ・ロー・ボリューム」といって、少量の殺虫剤で対応しようとしていますが、成虫は群れで飛翔するので、空中からの殺虫剤撒布の難易度は上がります。それに、殺虫剤の種類にもよりますが、ウルトラ・ロー・ボリュームでも農作物への影響はゼロではありません。

――殺虫剤は国が撒布するのでしょうか？

様々なケースがあります。各国にあるバッタ専門の防除センターが、農業省と連携して防除に当たることもありますし、国連が殺虫剤、防護服や車両を支援する場合もあります。パトロールの精度やＦＡＯへのレポートが機能しているかどうかは国によって差があります。たとえば私が研究のフィールドにしているモーリタニアは年間約1億円の予算をかけて防除しており、半分は省庁（国）が出し、半分は外部（他国や世界銀行など）が出費しています。

――防除に熱心な国は？

モーリタニアは最貧国でありながら、非常に熱心ですね。私がお世話になった、モーリタニア国立サバクトビバッタ研究所のババ所長のおかげで、モーリタニアの設備は非常に強固なものになりました。

——虫害に強い農作物の品種の開発は試みられているのでしょうか?

バッタに関してはほとんどされていませんね。まれにバッタが食べない植物があるので、その植物の成分を抽出し、殺虫効果を検証するなどの研究が行われています。

——環境への負荷が軽微な農薬はないのでしょうか。

「生物農薬」というものがあります。バッタだけを殺す「昆虫糸状菌」という細菌を利用して製造されています。ただ、バッタを殺すのに約2週間かかってしまうので、撒布した人が「効かない」と思ってしまうこともある。また、湿度が高いところで威力を発揮するので、半乾燥地帯では効きづらいかもしれません。

——バッタの群れにはリーダー的存在はいるのでしょうか。リーダーの指示を誘導して、バッタを一網打尽にすることはできるでしょうか。

群れにリーダーはいないと言われています。みんな平等で、みんなが主役。ですからリーダーに何らかの誘導を働きかけるのは難しいです。また、バッタがフェロモンを出すのは知られているものの、フェロモントラップのような防除技術に結びつけるまでには至っていません。もしそれができれば、一箇所に集まったときを狙って退治すればいいので、効率的で非常に有用ですね。

――前野先生は、「バッタは夜に密集するから、夜に殺虫剤を撒けばいいのでは」と提唱されていますね。

夜になるとバッタは動かなくなって一箇所に集まるので、なぜ夜に防除活動しないのか、疑問ですね。外国の研究者はほとんど、夜動かない、夜は大木の上に登って寝ているというバッタの生態を知りません。世界中の研究者と研究内容を共有して、新しい防除技術の開発に結び付けたいですね。

フィールドでバッタの研究をしているのは世界でただ一人

――バッタの研究はあまり進んでいないのでしょうか？

実験室での研究は進んでおりますが、野生生態については恥ずかしいくらい、進んでいないですね。やるべきことはたくさんあります。バッタは常に大発生しているわけではありません。現地で3カ月フィールドワークしても、一度も見られないこともありました。研究対象としては難しい生き物です。実証実験したくても、こちらの都合で気軽にできないのが悩ましいです。

――群れはいつ消えるのでしょうか。

カギになるのは雨です。産卵する際、バッタは地面にお腹を差し込んで卵を産みます。卵は地中から水分を吸収して発育するので、地中が湿っていなければ卵が孵《かえ》ることはありません。雨がないと、バッタの繁殖は難しくなります。乾燥しはじめるとエサの植物が枯れ、大群を維持できなくなり、やがて死滅します。

また、風に乗って飛んでいくとき、海に落ちて溺れて死んでしまう場合もある。雪山まで押し上げられると、バッタは気温22度以上でなければ飛翔できないので、そこで死ぬこともある。先ほども言いましたが、現在大発生している原因は雨です。増えるかどうかは雨次第。バッタだけでなく、気象を研究する必要があるので、他分野とタッグを組んで包括的に研究する取り組みが求められます。

――中国や日本に飛んでくる可能性もあるでしょうか？

飛翔能力や気象の組み合わせ次第なので明言することができませんが、１９００年から始まった観察によれば、インドから東側には飛んでいっていません。

――先生の本によると、本来群れる性質のない孤独相のバッタが、密集すると群生する群生

相に変化するそうですが、この変化を防ぐことはできるのでしょうか。

植物が広範囲にわたって密生しているとバッタの密度は非常に低くなり、孤独相のままで群生相に変化することはありません。しかし草が枯れ始めると、草が残っている場所に群がってきて群生相化が起きます。

植物の状況はバッタの相変異に影響する重要なポイントです。今は衛星画像を使ってピンポイントで調査する取り組みもなされています。

——なるほど。

ただ、こまめに早め早めの対策をやるしかありません。たとえば1億円かければ鎮圧できるのに、その1億を出し渋ると、後々100億円出さなければならなくなる、といった事態になってしまいます。国際機関が支援金を出すものの、その場しのぎの場合もあります。バッタは怖いし憎いですが、防除に関わる人にとってはお金の稼ぎどきだともいえます。事実、「もっとバッタが増えてほしい」と思っている人もいます。

——普段から予防に力を入れるのは難しい?

ケニアの場合、今回は70年ぶりの被害に遭ったわけですが、1950年代から70年間バッタの害を被っていなかったのなら、「バッタ対策にお金を投じるのは無駄」と見なされても仕方ありません。

また、バッタ研究者の数が乏しいのも、予防が進まない原因の一つです。研究室ではなく、フィールドでサバクトビバッタの研究をしている研究者って、世界で自分しかいないんですよ。もともと、自分はバッタがどのような動きをするかとか、卵をどのように産卵しているのかといった生態を研究していたんですけども、今回の問題を受けて、政府レベルでのバッタ対策についても勉強しなければいけないなと思い、読む文献を変えて、一から勉強し直しています。

――アフリカ人でバッタを研究する人はあまりいないのでしょうか？

ケニアに、アフリカで唯一、昆虫を専門にしているＩＣＩＰＥ（国際昆虫生理生態学センター）という研究所があります。ここでは研究者の人材育成も行っています。バッタの研究も５年くらい前までは行っていましたが、現場の人がマネジメントをするようになって職位が上がり、手を動かす人がいなくなってしまいました。

――サバクトビバッタを昆虫食として活用できる可能性は？

ＩＣＩＰＥは昆虫食の研究にも取り組んでいます。植物に含まれていて、コレステロールを下げるはたらきがあるステロールという化合物がありますが、サバクトビバッタはステロールを体内で増幅する機能を持っていることをＩＣＩＰＥの研究者が発見しました。ですから、研究が進めば健康食品になる可能性もあります。バッタに限らず、昆虫をパウダーにしたり、冷凍して粉末にして魚や家畜のエサにする取り組みも盛んに行われています。

ただ、そもそもバッタを捕まえるのが難しい。大群を一網打尽にする研究が必要になります。

——サバクトビバッタと人間が共生するとしたら、どのような道筋が考えられるでしょうか。

多くの昆虫学者が考えているように、私は、害虫を撲滅する必要はないと考えています。数が増え過ぎて人間の社会生活に影響を及ぼさない程度に、個体群をキープすればよいのです。ですから、増えたときに数を抑えられる技術を開発することが求められます。

——最後に、ご著書が新書大賞を受賞されましたが、読者やメディアの反応で新たに気づかされたことはありますか？

文章や本の表紙（バッタに変装した写真）から先入観を持たれているので「意外に普通な人なんですね」と言われることが多いです（笑）。とにかく、異国のバッタのことを忘れられないように、今後も情報発信に努めたいと思います。そして、サバクトビバッタの被害を軽減するための研究成果を発表できるよう精進いたします。

以上、バッタ博士こと前野浩太郎さんのインタビューをご紹介させていただいた。映像でバッタ被害の様子を見ると、人の姿がバッタの大群でかき消されているくらい、すさまじい。2020年5月にFAOが出した報告書は、アフリカ東部とイエメンで合計4200万人が食料危機に直面する恐れがあると警告している。[50]実際、2020年9月24日現在、コンゴ民主共和国では2180万人が十分な食料を得ることができていない。[51]

8　ミツバチやその仲間の減少――ワンプラネット・カフェのお二人の話

ミツバチやその仲間の減少は世界的な問題となっており、食料供給に大きな影響をもたらすという。そこで、サステナビリティという概念を普及するための活動を行っている、株式会社ワンプラネット・カフェの代表取締役社長、エクベリ聡子氏と、取締役で環境マネージャーのペオ・エクベリ氏に取材を行った（取材は2020年6月23日に行った）。

100万種類の生物が絶滅の方向へ、ハチは深刻

――世界的にハチが減少しているそうですね。

はい。米国のメリーランド大学の Bee Informed Partnership（BIP）の最新レポート（2020年6月22日付）によると、2019年10月1日から2020年4月1日までの間に、米国内のミツバチコロニーの22・2％が失われました。米国内で27万6832のコロニーを一括管理している3377軒の養蜂家が調査に回答した内容です。これは、全米で管理している281万のコロニーの9・9％にあたります（USDA、2020）。

生物多様性の研究を行っているIPBES（Intergovernmental Science-Policy Platform on Biodiversity and Ecosystem Services：生物多様性及び生態系サービスに関する政府間科学政策プラットフォーム）の2016年報告書によると、ハチなどがもたらす経済的利益は世界で最大年間5770億ドル（66兆円）にのぼりますが、一方で100万種類の動植物が絶滅の方向に進んでいるとのことです。中でも影響が深刻なのが、ハチのような、受粉をしてくれる生き物です。昆虫の絶滅スピードとしては、ハチやアリは哺乳類の8倍にもなります。クジラも絶滅が危惧されていますが、それよりはるかに速いスピードで虫の絶滅が始まっています。

日本でもミツバチはかなり減少している

――ハチの減少は世界的にどのような地域で見られるのでしょう？

ハチの種類は約2万種類ほどあります。巣を作るもの、作らないもの、個々で行動するもの、様々な習性があります。いま欧州で、ミツバチが大量に死んでしまう現象が起きています。２０００年代の始めごろから深刻になりました。スペインのようにミツバチが増えている国もありますが、ドイツやスウェーデンは急激に減っています。

――日本ではどうでしょうか？

日本では２００９年に、すでにミツバチが減少して全国的に大不足していましたが、２０２０年は、２０１９年の台風による巣箱流出や、暖冬で繁殖が活発になった寄生ダニの影響で、その傾向がさらにひどくなっています。２０２０年３月時点で、日本養蜂協会が、全国で巣箱１万箱が足りなくなると予測しています。日本の中で最も減少しているのは北海道です。日本の中ではミツバチの数が多い都道府県ですが、気候変動の影響で、本来梅雨がなかったはずの北海道でも梅雨のような長雨が続き、減少傾向がみられます。ミツバチは雨が続くと外に飛んでいかなくなるため、長雨になるとミツバチは減少するのです。日本養蜂協会によれば、福島、熊本、鹿児島などでミツバチの盗難が起こっており、巣箱ごと持って行かれるそうです。世界でも同様のことが発生しているようですね。

――ハチの減少に対する対策にはどんなものがありますか?

ＪＡは現在、受粉のためにミツバチの貸し回しを行っているそうです[52]。農林水産省は、初めてミツバチを疲弊させないためのガイドブックを発行し、２０２０年２月中旬にＪＡなどに配りました[53]。

ミツバチの代わりに、ハエやマルハナバチの利用も促しているそうです。

野生のミツバチと養蜂のミツバチを比べると、野生の方がすぐれていて、花の奥まで花粉を運んでくれます。イチゴなどの出来具合も違ってくる。ハチを間引いてイチゴを育てたところだと、イチゴの形がでこぼこになってしまったりすることもあるそうです。

蜂群崩壊症候群(CCD)

奈良県奈良市でビーフォレスト・クラブ代表と大和ミツバチ研究所代表を務める自然養蜂家の吉川浩氏の著書[54]によれば、２００６年頃から、蜂群《ほうぐん》崩壊症候群（ＣＣＤ）と呼ばれる、大量のミツバチが失踪する現象が、米国・ヨーロッパ・日本など世界中で見られるようになりました。現在は原因究明の研究が進んでいて、アジアを発生源としたダニやネオニコチノイド系農薬、除草剤、気候変動などの複合的要因だといわれています。

――ミツバチの減少要因の一つに農薬があると聞いています。

最近ミツバチにつくダニが増えていて、ミツバチの巣を荒らしているそうです。また欧州では、ネオニコチノイド系の農薬の使用が禁止されるようになりました（日本では2019年に緩和された）。

三つ目の原因として挙げた除草剤は、「グリフォサート」というもので、欧米ではグリフォサートを厳しく規制する動きがありますが、日本では市販されており、公園でもよく使われています。

――気候変動の影響もあるのでしょうか。

気候変動の問題については、特に日本がその影響を受けていると言われています。たとえば台風がくれば、ミツバチの巣ごと飛んでいってしまうし、ミツバチが暮らす森や木々、花畑もダメージを受けてしまいます。さらに気候変動の影響で植生が変わってきており、花が咲く時期が早くなっています。ミツバチが寝ている時期に花が咲いてしまうと、受粉ができなくなります。

そのほか、これまで蜜源になっていた土地が開発のためになくなってしまったり、休耕地が増え、レンゲやクローバーが減ったりしていることも一因と言われています。

食品の種類や量が激減し、食料価格高騰の可能性も
――「ハチの減少」が「食料減少」になるって、すぐに結びつかないのですが……。

世界の人間が日常的に食べている食品は100種類ほどで、それらが日常食の90%を占めると言われています。その100種類の食品のうち、70%以上の食品が、ミツバチによって受粉し、野菜や果物として実ることで生まれるものです。

BBCの報道によると、ミツバチがいなくなった場合、スーパーに並んでいる野菜や果物、ナッツなどの半分以上が消滅します。そうなった場合、価格も高騰するでしょうね。牛のエサとして使われる牧草もミツバチが受粉しているので、ミツバチが減ると、牛乳やチーズなどの乳製品の価格も値上がりしてしまうでしょう。

われわれ人間は、ミツバチにそれほどの恩恵を受けているのです。クマやチョウも花粉を運んでくれますが、ミツバチに比べると微々たるものです。ミツバチは、地域ごとに存在する蜜源を行き来し、花粉をうまく選んで運んでくれています。

――農産物の生産地も北上しているとか。

気候が変わると農作物の産地が変わります。農作物によって栽培に適した気候が違うので、気候の変化は栽培地を緯度の高いほうへ（北半球では北へ）移動させます。花や植物も同様であり、そのことが、ハチの生活に影響を及ぼします。

疲れて眠ってしまったマルハナバチ（撮影：株式会社ワンプラネット・カフェ）

本来なら飛べないマルハナバチ

――ハチは「刺すから怖い」という印象があります。

2万種類ものハチのうち、蜂蜜を作るのは数種類のみ。固定観念で「色は黄色と黒」「ハチはすべて蜂蜜を作る」「ハチはみんな危ない」「みんなが群れる」と思われていますがそうではありません。一匹狼のハチもいるし、刺さないハチもいます。

スウェーデン・ゴットランド島のスーパー、COOPで販売されている蜂蜜。ふたにマルハナバチのアイコンがついている（撮影：株式会社ワンプラネット・カフェ）

――スウェーデン取材でお二人に同行してもらったとき、スーパーのCOOP（コープ）に蜂蜜が並んでいましたね。

数少ない蜂蜜を作るハチの一種が、ミツバチと近い仲間のマルハナバチです。丸い大きな体で小さい羽しかなく、本来なら飛べないはず。ですが、マルハナバチは、そのことを知らないから飛ぶことができる。スウェーデンでは「不可能を可能にする」象徴として、環境教育のアイコンとして登場します（ゴットランド島COOPの蜂蜜にもアイコンとして描かれていた）。「マルハナバチになろうよ、無理って言わずにやってみよう」というように。体が大きいから飛ぶ前にウォームアップし、ゆっくり飛びます。体に花粉がつくとさらに重くなっていきます。

Bee Hotel（ハチのホテル）ヨーテボリにて（撮影：株式会社ワンプラネット・カフェ）

――日本のハチとは違うんですね？

ニホンミツバチはとても繊細で、効率よく蜜を取る。さらに、ニホンミツバチは意外なことに、凶暴なスズメバチを殺す術《すべ》を知っています。スズメバチを群れで包んでしまって「蜂球」をつくり、熱死させるのです。長い年月をかけてスズメバチと戦って得てきた、ほかのハチにはなかなかない習性です。

Bee Hotel

ミツバチを守るためのスウェーデンでの取り組みについて、ペオ・エクベリさんが説明してくれた。

――スウェーデンではどんな取り組みがありますか？

博物館にある子ども向け教育。「ハチのように踊ろう」と書かれてあり、ハチを守る意識を高める一環として2〜6歳の子がハチの衣装を着て踊る。（撮影：株式会社ワンプラネット・カフェ）

いまスウェーデンで、ハチが巣をつくれる場所や休める場所を、国民の手でつくる取り組みが行われています。"Solitary wild bees"（ハチが冬眠するのをお手伝いしましょう）といったスローガンが掲げられ、スウェーデン最大の自然保護協会の公式サイトの教育のページには"Build bee hotel（ハチのホテルをつくりましょう）"とあります。

――芝生はなぜハチにとってよくないのでしょう?

家庭や運動場などの芝生は生物多様性がないし、殺虫剤を使う場合もあります。人間にとってはきれいですが、ハチはあまり来ません。スウェーデンでは、芝生ではなく野生の植生の環境をつくりましょうと呼びかけられています。

――スウェーデンの中でも取り組みが進んでいる

街はありますか？

マルメ市（スウェーデン第三の都市）は、２０２０年末までに、市営の組織が使うエネルギーを１００％グリーンエネルギーに転換することを目指していますが（２０２０年12月末で98％達成の見込み）、その一方で生物多様性の確保やハチの繁殖のために、バイオトープ（ビオトープとも。地域で野生の動植物が暮らせる場所）があちこちでつくられています。大雨が降ったときでも水が滞りなく捌《は》けるための通路がつくられ、雑草はそのまま植えっぱなしにしている。チョウやハチが来られるような生態系をつくるための取り組みです。

――マルメ市ではコーヒーかすやバナナの皮を使った１００％グリーンエネルギーで走るバスがありましたね。ほかの街でも取り組みは進んでいるのでしょうか。

マルメ市は特にサステナビリティを重視している街だといえますが、ストックホルムはじめ、スウェーデン全体で同じような取り組みを少しずつ増やしています。あちこちの庭でりんごの木を育て、ハチが花粉を運び、りんごが実るという循環が生まれています。

ゴットランド島では、道路脇の生態系を守るために、道路の雪を溶かすのに塩や砂糖をまくことを島全体で一切禁止にしました。そのおかげで、道路脇に植物が５００種類も戻ってきました。塩の中に入っている化学物質や砂糖が雪を溶かすのですが、野生動物が砂糖を好んでどんどん増え、道で車に轢《ひ》かれてしまうことが起こっており、砂糖の撒布もやめることになりました。

バス停ならぬ"Bee Stop"

スウェーデンやオランダにはバス停（Bus Stop）ならぬ、"Bee Stop"があります。ここで50～１００本（種類ではなく本数）の花が保護されており、一つの巣箱に5万くらいのハチが来ます。

——取材でスーパーのＣＯＯＰに行ったとき、近所で養蜂しているとおっしゃっていました。

スウェーデンのスーパーＣＯＯＰでは、店舗の近くで養蜂を行っています。例えばゴットランド島のＣＯＯＰでは、店から６００メートルくらい離れたところで飼っています。まさに地産地消であり、顧客にとっては、どうやって蜂蜜ができるのかを学ぶ機会になります。スウェーデンでは企業自身が消費者の教育者になるケースもよくあります。

他にも、スウェーデンのクラリオンホテルでは、朝食ビュフェで近くでとれた蜂蜜を出していますし、スウェーデンのストックホルム空港の中にあるホテルでは、三つの巣箱で15万

バス停ならぬ“Bee Stop”（提供：株式会社ワンプラネット・カフェ）

匹のハチを飼っており、1年で90〜100キロの蜂蜜をとることができるそうです。

マクドナルドも“Mac Hive”（マクドナルドの巣箱）を作りました。マクドナルド店舗のミニチュア版を制作し、その巣箱を、ハチのレストランのように見立てたのです。あるフランチャイズ店舗の女性オーナーが、「生物多様性をもっと助けたい」と思って考えたそうです。

さらにスウェーデンのマクドナルドの一部の店舗は、蜂蜜を作っているとのこと。“Mac Hive”の1個目は社内オークションに出され10万クローナ（約110万円）で落札され、そのお金は子どもを支える福祉団体に寄付されました。

——日本ではスウェーデンのような取り組みは

ないのでしょうか。

日本でも、街中でミツバチを飼う試みがなされています。例えば、東京・銀座の「銀座ミツバチプロジェクト」。都内にある皇居の森は、農薬や除草剤も使われておらず、とてもいい蜂蜜がとれるそうです。皇居の蜂蜜を使ったお菓子やカクテルも開発されています。

日本でも、ミツバチを守るため、農薬はオーガニックのものにする、除草剤を使わない、といったような認識が広がっていくとよいですね。

2020年9月9日、オーストラリアで、ミツバチの毒が、治療法のない乳がんの細胞を殺したという研究結果が発表された[55]。特定の濃度のミツバチ毒は、健康な細胞に影響を与えることなく、がん細胞のみを100％殺すことができるそうだ。ただし、人間が人為的にそれを再現するのはまだ難しいようだ。

記事によれば、ハリー・パーキンス医学研究所の主任科学者、ピーター・クリンケン教授は「これは自然界の化合物が人の疾病の治療に使用できる、素晴らしい事例です」と語っている。もしがん治療に活用できるとなれば、ミツバチは、食料を提供するだけでなく、人の健康にも寄与する、素晴らしい生き物であるということになる。

オーストラリアでは都市部でアマチュア養蜂家が増えているそうだ。[56] シドニーを拠点とする「シドニー・ビー・クラブ」は180人のメンバーがいる。ハチの受粉はオーストラリアだけで年間150億豪ドル（約1兆1300億円）もの経済効果という推計もあるという。だが、2019年から2020年にかけての森林火災でミツバチや巣箱、蜜源の植物が焼失してしまった。

世界の主要農産物の約75%がハチの受粉に依存しており、その経済価値は、2015年時点で全世界で約1530億ユーロ、日本では2013年時点で4700億円に達するという。われわれは、ハチによって受けている恩恵を、あまりに軽んじているかもしれない。

9　COVID-19（新型コロナウイルス感染症）

コロナによる深刻な影響

国連WFP事務局長のデイビッド・ビーズリー氏は、コロナパンデミックが引き金となり、飢餓パンデミックが起こる可能性があると発信している。

コロナ禍でなぜ食料不足になるのだろうか。左記のような理由が挙げられる。

1 COVID－19封じ込め対策で仕事がなくなり収入が減る（飲食業、観光業なども）

2 無理して外出して感染し、現場の仕事ができなくなる（米国ではCOVID追跡プロジェクト＝The COVID Tracking Project によると、2020年7月30日時点、人口10万人あたり74人の黒人が死亡しており、白人は10万人あたり30人、アジア系米国人では10万人あたり31人と、黒人が白人の2倍以上死亡している）

3 食料を生産する農畜水産業に従事できない

4 紛争がより激しくなる。コンゴ民主共和国では暴力の発生が急増している

5 輸入食料が少なくなる

2020年10月6日付のWTOの公式プレスリリースにはこうある。「2020年の世界の商品貿易量は9・2％減と予測されている。この減少率は、2020年4月の貿易予測の楽観シナリオで予測された12・9％の減少率を下回る。貿易量の伸びは2021年には7・2％に回復するが、新型コロナ危機前のトレンドを大きく下回る水準にとどまるだろう。世

界のGDPは2020年には4・8％減少し、2021年には4・9％増加する。ただし、この回復率は、政策措置や感染症の重症度に大きく左右される」[57]。

6　食料価格の上昇により経済的困窮者が食料にアクセスできない

7　学校給食がストップし、2020年11月7日現在も世界で2億6000万人の子どもが給食を食べることができていない（2020年4月18日時点では世界で3億6800万人が学校給食を食べられなかった。また、貧困世帯の学習支援を行う「彩の国子ども・若者支援ネットワーク」代表理事の白鳥勲さんが行った、130以上の生活困窮世帯アンケート調査によれば、コロナ休校中に4割近くの子どもが1日1食を強いられ、学校給食で栄養を補っていた子どもたちが3カ月間で痩せてしまった[58]）

日本でも、食料不足や食料価格の上昇をスーパーで感じられた出来事があった。その一つがバナナだ。フィリピンで2020年3月下旬から外出制限が出されたため、バナナの輸出作業ができなくなり、日本のスーパーで品薄・価格上昇が起こったのである。

コロナ禍で最も打撃を受けたのが都市部であるため、国連WFPは、これまで活動してこなかったナイジェリア都市部の支援を開始した。またケニアでも、2020年7月から、ナイロビで現金支給および栄養支援を実施しており、気候変動による南スーダンでの洪水にも対応している。これらのことが重なり、国連WFPは、支援対象者数を、2019年の9700万人から、過去最大の1億3800万人に拡大している。

国連の報告書は、2020年、25カ国が深刻な飢餓に見舞われるとしており、過去50年間で最も深刻な食料危機に陥る恐れがあると警告している。報告書ではさらに、「世界中の食料危機を助長している要因分析を提供し、COVID－19感染拡大が食料危機の永続化や悪化にどう寄与しているかを検討する」としている。

「飢えで死ぬよりウイルスで死ぬ方がマシだ」

FAO駐日連絡事務所長のボリコさんに、感染症が脆弱な国に与える影響を伺った。

「私は低所得国で貧しい国の出身で、家族や友人と定期的に話をしています。母や姉妹、兄弟は故郷に住んでいます。私たちは今（インタビュー当時）日本にいて、外出自粛になって家にいても、ATMに行ってお金を引き出し、スーパーで食料を買うことができます。ヨーロッパで過酷なロックダウン（都市封鎖）が行われていたときでも、人々は食べ物を手に入れることができました。でも、低所得国では、1日1食分の食事を得るために、外に出て一生懸命働かなければなりません。政府から『家にいてくれ』と言われて家にいれば、ウイルスからは守られるかもしれませんが、飢餓と栄養不良で死んでしまうのです。『彼ら（政府）は家にいてくれと言っているが、私と私の家族に飢えで死んで欲しいと言っているのだ。飢えで死ぬよりウイルスで死ぬ方がマシだ』『パンデミックやウイルスで死ぬのは恥ずかしいことではない。でも私や私の子どもたちが食べ物を与えられずに死んでしまったら、とても恥ずかしいことです。もし私の子どもがそうなったら、私は立ち直れず自分を許せないでしょう』。彼らは外に出てウイルスに感染する危険を冒して働いています。恐ろしい話ですが、これが現実です。

私が国を離れてからも、アフリカのほとんどの国、特にサハラ以南の国で貧困は増え続けています。そのため、FAOは脆弱な人々の食料安全保障を守ることを優先すべきなのです。

私たちが食べる食料の大部分を生産しているのは小規模農家です。彼らがいなければ私たちは十分な食料を得ることはできませんが、彼らはそれでも貧しいのです。私たち自身の食料安全保障にも影響を与えます。自国民を保護しているだけで、出稼ぎ労働者や非正規雇用者を忘れている国もあります。脆弱な人々をないがしろにしてはいけません。脆弱な人々のニーズに配慮しなければなりません。これが、ＦＡＯが飢餓と闘い、今回のような食料危機の状況下で生活を向上させる活動を拡大するために３億５０００万ドルを支援要請している理由です。まだ大きな危機はありませんが、今何かをしなければ、危機の中にある危機に陥ってしまうリスクが高いのです。

人命を守るか生活を守るかという二者択一ではありません。両方を総合的に守らなければなりません。今回の３億５０００万ドルの支援は、すべての国連機関による、協調的な人道的対応の一部なのです。弱者のニーズに対応するためには、社会保障も改善・強化しなければなりません」。

「政治的な意志」を持っているスリランカ、ガーナを見よ

「繰り返し述べますが、食料の入手可能性を低下させる貿易関連の障壁を設けてはいけません。どうすれば、より良い復興を遂げることができるのでしょうか。

国連が採択したＳＤＧｓのアジェンダは、貧困や飢餓を回避し、すべての人に教育を与え、持続可能な方法でそれを行うためのより良い方法を考えるものです。最近では、国連事

務総長が２０２１年に食料システムサミットを開催すると発表しました。食料システムを効率的にすることが、すべてのＳＤＧｓを解決する最善の方法です。効率的な食料システムがあれば、より多くの雇用を生み出し、貧困と闘うことができます。女性の参画を促し、ジェンダーバランスが実現します。温室効果ガスの排出量が減り、より良い環境を手に入れることができ、気候変動の防止に貢献します。効率的な食品バリューチェーンシステムは、ＳＤＧｓの達成に大きく貢献するでしょう。

貧困問題に対する取り組みとして、国連の『家族農業の10年』も挙げることができます。これは、２０１９〜２０２８年の10年で実施されています。家族経営の農家はほとんどが小規模農家です。とても貧しいにもかかわらず、私たちが食べている食料の80％を生産しています。彼らをきちんと支えなければ食料を生産できなくなり、私たち全員が苦しみます。彼らの仕事はすべてのＳＤＧｓにも直結しています。彼らの仕事の成果が貴重だと知っているからこそ、彼らは食べ物を捨てたりしません。山や川の環境を破壊したら、自分たちが生きていけなくなることを知っています。彼らは雇用を創出し、女性も労働に参加しています。これは、家族農家のより良い復興のためにも、非常に良い取り組みです。

ＣＯＶＩＤ－19の前には、飢餓をなくす（ＳＤＧｓゴール２）、貧困をなくす（ＳＤＧｓゴール1）の目標は、手の届くところにあり、目標に到達することができると考えられていました。今は、COVID－19の影響が盛り込まれたSDGsプロセスの報告書を待つのが良いでしょう。

さらに、SDGsの前段階の目標として、MDGs（ミレニアム開発目標）というものがあります。MDGsを達成した国は政治的な意志を持っている国であって、より多くの資源を持っている国ではありません。『これをやらなければならない』という政治的意志を持っているかどうかが問題です。資源は限られていても、政治的な意志があるから、MDGs達成に向けて大きなことができたのです。

たとえばスリランカもそのような国の一つです。貧困を大幅に減らし、多くの子どもたちに教育を、多くの人に医療を提供することができました。非常に重要な成果でした。多くの資源を持っている国ではありませんが、政治的な意志がありました。ガーナも政治的な意志があったからこそ、多くのMDGsを達成した国の一つです。政治的な意志を、資源よりも優先したのです」。

ボリコさんが強調されていたのは「食料システム」の健全性だ。本章2節で取りあげたラジ・パテルは「現在の食料システムが、あまりに大きな環境的犠牲と、資源浪費と、そのための収奪をともなっている」とし、構造的な脆弱性を抱えていると指摘している。わずかなショックで、このシステムは崩壊するのだ、と。

10　「2050年に100億人」の人口増

最後に、将来の問題についても触れておきたい。

国連は、30年間で世界人口は20億人増え、2050年には97億人まで増えると予測している[59]。ただ単純に人数が増えるというだけの話ではない。低所得国が経済発展するに伴い、穀物や野菜中心の食生活から変化し、肉を消費するようになる。

1940年代以降は、農地の拡大や農業の機械化、肥料の開発、高収量の品種改良などにより、農作物の収穫量を上げてきた。第一章でも取り上げた『データでわかる　2030年地球のすがた』[39]には、1961年時点と比較して、穀物で3倍、野菜で2倍、果物で1・8倍、収量が増加していると示している。

では、2020年以降の未来も、これまで同様に、人口増をカバーするだけの食料増産が

図表2-11　1950年から2100年にかけての世界人口の推移

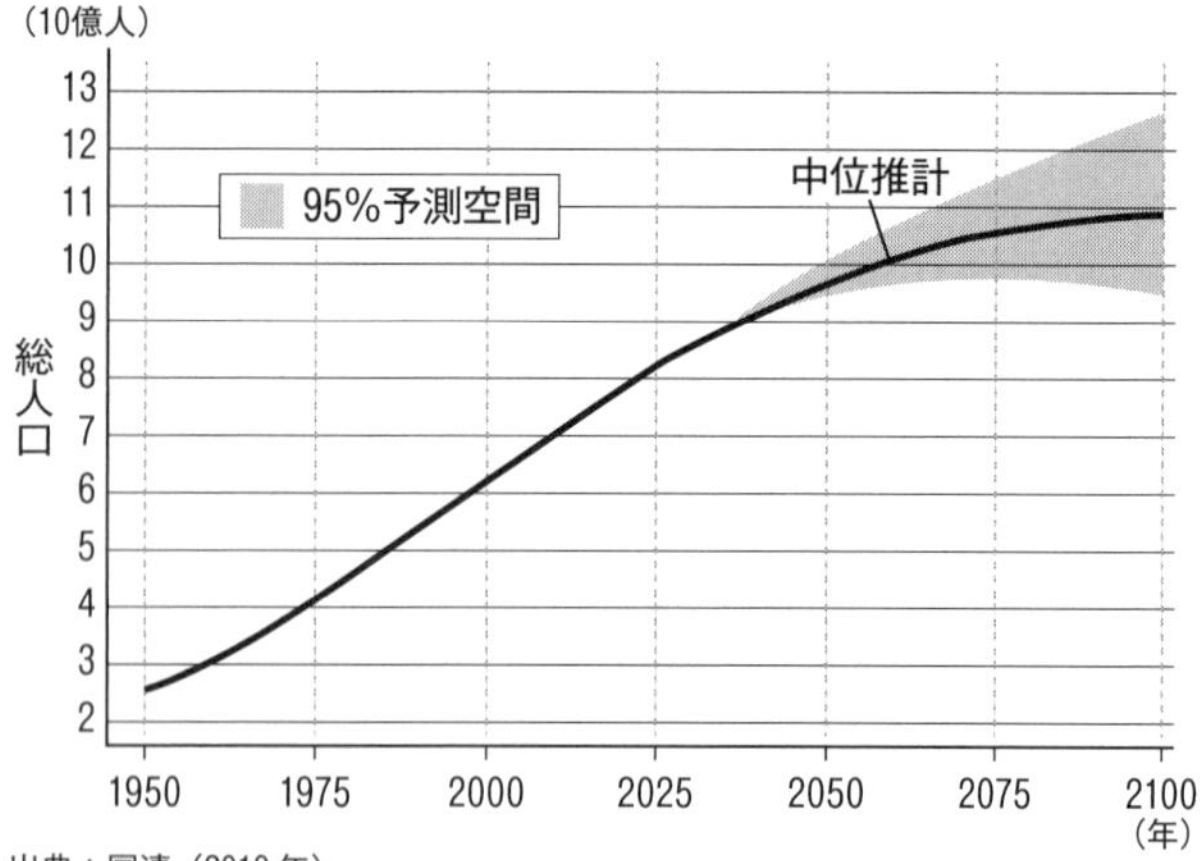

出典：国連（2019年）

可能なのだろうか。

ＩＰＣＣ（Intergovernmental Panel on Climate Change：気候変動に関する政府間パネル）は、２０１９年に発表した報告書で、米や小麦、大豆の収量が大きく減少するとしている。実際、農研機構が過去30年間の主要穀物の収量変化を分析した結果、地球温暖化による損害額は、世界全体で年間平均４２４億ドルにのぼるとしている。１９４０年以降と同じような食料増産を望むわけにはいかない、ということだ。われわれは現状の問題に真摯に取り組みつつ、将来も見据えなければならない。

第三章

日本の食料危機の歴史

これまで世界の食料危機について見てきたが、日本ではこれまで食料危機は起こらなかったのかというと、もちろんそんなことはない。江戸時代には飢饉が起こり、戦時中には深刻な食料不足が起こった。そして、現在でも飢えている子どもや大人は確実に存在する。

本章では日本で起こった食料危機の歴史をつづることで、より立体的に食料危機について理解していただくための一助としたい。これまで、数えきれないほどの日本人が飢餓に苦しんできた。その歴史の果てに、いまの飽食日本があることを知っていただきたい。

1 江戸時代の飢饉

まず日本の飢饉として有名なのが、江戸（近代）三大飢饉として1732年（享保《きょうほう》17年）、1783～1787年（天明3～7年）、1832～1836年（天保《てんぽう》3～8年）である。[1]これに1642～1643年（寛永19～20年）の大飢饉を加えて「四大飢饉」と呼ぶ場合もある。天明の飢饉は、この時期のエルニーニョが関係しているが、加えて、浅間山などの噴火が拍車をかけた。[2]総合地球環境学研究所の伊藤啓介氏は、日本の中世における大飢饉につながる気候の条件として、次の三つを挙げている。[3]

パターンA：低温時の長雨
パターンB：高温時の旱魃
パターンC：急激な気温の低下による冷害

冷害や長雨、日照時間の現象、最高気温や最低気温の低下などは農作物の生産量に影響する。伊藤氏は、低温時の旱魃が起きた1456年から数年間にはほとんど飢饉の報告がなく、高温時の旱魃が飢饉発生に関係していると述べており、単独の気候条件だけでなく、上記の気候条件の組み合わせにより大飢饉が発生しているとしている。

飢饉や飢餓をもたらす食料危機の要因は、分配の問題に加えて気候条件もある。気候変動の影響が大きければなおさらだ。そして、いうまでもなく、人口増もその要因の一つである。

2　米騒動と関東大震災

1900年代に入り、1902年（明治35年）には東北地方で大凶作、翌春にかけて飢饉が発生した。[1] 1918年（大正7年）には、米の価格上昇による民衆の暴動、すなわち「米騒動」が発生した。

米騒動の影響で、米製品も高騰した。米騒動以降、パン食が、それまでの嗜好品から「米飯の代用品」として注目されるようになり、当時の原内閣は、高価な米の代用品として、パンの代用食運動を推進した。[1] 米価調節のため、外米管理令が交布され（1918年4月25日）、政府は積極的に外米を買い入れて、安く販売した。[4]

新聞には米を節約するためのヒントとして、「豆粕ご飯」（読売新聞、1918年7月18日）や、「甘藷《かんしょ》飯」（読売新聞、1918年8月22日）、ご飯の代わりに卯《う》の花を油揚げに詰めるいなり寿司を紹介した（読売新聞、1918年8月15日）。[4] 当時の東京府も節米と雑穀食を奨励するため、井上府知事の名前で、南瓜《かぼちゃ》飯、卯の花飯、薩摩芋《さつまいも》飯、馬鈴薯《ばれいしょ》（じゃがいも）飯、鳩飯（ご飯に脱脂大豆を入れたもの）、外米小豆粥豆粉団子入り飯、粟《あわ》飯などが勧められた（読売新聞、1918年8月30日）。[4]

1919年（大正8年）の3月、米価調整のため、大麦・小麦・小麦粉の輸入税減免に関する法令が交付された。[1] 内務省衛生局が「米代用品調理法」を編纂《へんさん》し、発表した。[4] 米をまったく使わず、代わりに甘薯や麦、粟、メリケン粉、馬鈴薯、稗《ひえ》、里芋、黍《きび》などを使い、米と同じエネルギーやタンパク質が摂れるとするものである（山陽新報、1919年2月1～4日）。明治30年代前半には25～26万トンだった馬鈴薯の生産量は、大正8年（1919年）には180万トンを記録し[4]、馬鈴薯麺まで登場した。代用食糧研究家、林末子が考案した「馬鈴薯飯試食会」が、田尻東京市長の後援により、東京・丸の内の中央亭で開催された（読売新聞、1919年7月12日）。農商務省は、1919年7月22日、全国に節米を通達した[5]。

東京日日新聞に、代用食の広告を次のように出している。「現時の食料問題解決の方策として……麦類及び馬鈴薯を盛んに食用するも亦最も緊要なり」。代用食を開発する目的で、この年、糧食研究会が発足した[4]。雑穀の取り入れ方や、デンプンや大麦、豆を混ぜて炊く方法、小麦・そば・トウモロコシの麺や、パン、人造米の使用、米からつくる酒を節約することを唱えた（北海タイムス、1919年8月18日）[4]。パン食の普及により、小麦粉の生産量が2315万袋と、明治以来、最大となった[1]。

1923年（大正12年）9月1日に関東大震災が発生した。死者は9万1802人、行方不明者4万2257人の大惨事となった[1]（1925年、関東大震災の死傷者が15万6693人と発表された）。

被災者には1人1日2合の玄米が配給され、乳児や病人には牛乳が無償配布された（東京朝日新聞、1923年9月8日)[4]。公設市場では塩、味噌、たくあん、梅干し、野菜なども配給され(東京朝日新聞、1923年9月9日)[4]、全国各地から東京へ発送された救援米は、東京市内10カ所の公設市場で販売された[1]。

3 戦争による食料不足

白米食廃止運動

1937年(昭和12年)から日中戦争が始まり、若年層が戦地や軍事工場へ入り、人手が足りなくなり、米の生産量が激減した[5]。日本婦人団体連盟は、白米食廃止運動実行委員会を組織し、「白米食をやめましょう」というスローガンをかかげた[4]。この「白米食廃止運動」が、1938年(昭和13年)8月、国民精神総動員中央連盟を中心に、全国的に広がる[1]。1938年、国策代用品普及協会が設立され、醬油の原材料として大豆や小麦の代わりに蚕のさなぎを使うようになった[4]。実際、今でも繭《まゆ》や昆虫を使って醬油づくりに挑戦している人もいる。

１９３９年（昭和14年）には米が配給制となった。だが、配給も減らされ、その代わりに大麦やコウリャン、大豆粕、サツマイモが配られた。米は精米度合いがどんどん低くなり、しまいには「米は玄米のまま食べましょう」という国民運動が展開されたのだという。[5] 食料不足をしのぐために、人々は家庭菜園を始めた（これは２０２０年のコロナ禍でも見られた現象である）。当時、庭や道端、学校の校庭や公園が畑にされた。天明・天保の大飢饉で使われた稗や粟、そばやサツマイモが作られた。なずなや松、おおばこ、どくだみなどの野草を使ったおひたしや天ぷら、煮物、餅などが工夫して作られた。茶がらの佃煮や、籾殻《もみがら》やワラで作るたくあんは、当時「決戦食」と呼ばれた。[5]

栄養研究所は「救荒《きゅうこう》食品」と称してアザミ、アカザ、ヤマゴボウから草木の根皮まで５００種類を選定して発表した。中国でも、１４０６年、明《みん》の時代には『救荒本草』という書籍が出された。飢饉の時に救荒食品として活用できる４００種類以上の植物や薬草とその料理法を解説したものである。栄養価の高い理想的食品として「イナゴの佃煮とイナゴのコロッケ」を勧める運動が起こり、11月１日には京都駅に代用駅弁として「焼き芋」が登場した。[4]

１９３９年12月１日には「白米禁止令」が出された。

食堂などでの米の使用が全面禁止となる

１９４０年（昭和15年）３月には東京市の飯米に外米を強制混入、５月３日には東京市が外米６割混入米を22年ぶりに配給した。[1]「節米食堂」の広告文として、次のものが出ている。[4]

「節米昼食。うまくて栄養満点、ご家庭でまねしてください。
七月二十日　大豆入り昆布めし
七月二十二日　かぼちゃめし
七月二十四日　むぎめし
七月二十七日　にしん入りうどんめし
七月二十九日　落雁《らくがん》甘露めし
七月三十一日　栄養めし
八月二日　しのだ入り大根めし　（後略）」

近畿６府県では節米強化体制がはじまり、関西のデパートは１９４０年７月20日、代用食献立を発表した。[4] 阪急百貨店は米の代わりにうどんを使った「うどん寿司」、そごうは「国策ランチ」（ご飯の代わりにそばを海苔《のり》で巻いて「そば寿司」とし、うどん、馬鈴薯、玉ねぎを一緒に揚げたものを添えた）。１９４０年11月８日には、家庭用の米に１割から５割の麦を混入して配給した。[1]

１９４０年８月１日、東京府の食堂や料理店などでの米の使用が全面禁止となる。[4] 東京市内には「贅沢は敵だ」の立て看板が１５００本配置された。

１９４１年（昭和16年）１月、食料増産のため、国鉄（現ＪＲ）の線路脇にトウモロコシが植えられる。[4] ７月には東京の野菜不足が深刻化し、行列買いが始まった。12月、東京府下の妊婦の診察で、半数に病気や障害が見られた。原因は食品の入手困難による栄養不足であった。

１９４２年（昭和17年）１月９日、魚と野菜の闇取引きで、東京は、銀座の料亭37軒に対し、罰金刑と営業停止を下した。[1] 農林省が米飯にトウモロコシのひき割りを混ぜるよう、全国に通牒《つうちょう》し、[4] この年から食料不足による人体への影響が出始めた。[1]

決戦食のすすめ

１９４３年（昭和18年）1月、米をつく（精米）ことで減るのを防ぐため、５分づきの米が配給された。[1・4] 節米のために芋パンが登場。芋パンとは、サツマイモを生のまま細かく切り、乾燥させて粉にしたものに4割の小麦粉を混ぜ、「イワシの粉五分と昆布、ひじき・アラメなどの海藻類を二分・ビールの酵母一分を混ぜたもの」だそうだ。[4]「サツマイモは大切な主食」という標語をキャッチコピーにし、１９４３年7月、大増産運動が始まった。[4] 九州の宮崎駅では、ふかし芋に昆布の佃煮、福神漬けを入れた「芋駅弁」が登場した。１９４３年（昭和18年）11月24日付の「アサヒグラフ」には「これで１ヶ月にお米が３００石《ごく》節約できるのです」と語られる話が出ている。[4]

１９４４年（昭和19年）には神奈川県食糧営団が『決戦食生活工夫集』を発刊した。[4] 戦争による食料難を反映し、精神的に食料戦に勝つことの重要性が説かれた。少ない食料から、できる限り多くの栄養素を摂取するための工夫が紹介された。たとえば、果物や馬鈴薯、瓜、レンコンなどの皮やへたの食べ方、キャベツの芯の調理法、南瓜の種の食べ方、糠《ぬか》を使わないたくあんの作り方、一升の醤油を二升にする工夫など。少ないご飯から満腹感を得るため「冷飯をつぶして、その中に、おろし人参や茹《ゆ》でたほうれん草、又はうらごしの芋類を加えてこね、適当な大きさにしてフライパンで焼く。醤油、又は葛《くず》あん、味噌あん（柚子味噌、胡麻味噌）をかけても、照醤油にしてもいい」と記されている。[4]

1944年2月には、東京都が「雑炊食堂」を開設した。[4] 玄米のおかゆに野菜、魚肉などが入ったものを提供する。4月には335軒、1日60万食を販売し、どの食堂も長蛇の列が続いた。1944年4月23日付の『週刊毎日』（現『サンデー毎日』）には、「食べられるものの色々」という記事が掲載された。[1,4] 孫太郎虫（ヘビトンボの幼虫）やささ虫（カワゲラの幼虫）、クロスズメバチの幼虫とサナギ（醤油の付け焼き）、ゲンゴロウ虫（羽・足・頭をもぎ、腹だけを醤油煎りにして煮つける）などが紹介された。

決戦食として「菊芋」が紹介された。これは、江戸時代にアメリカから輸入されたものだが、馬鈴薯が登場したことで、牛の飼料にされていた芋である。[4] 食料不足により、牛のエサだったものを人間が食べるようになったということだ。

この頃、目玉抜きの魚が出回った。魚の目玉には大量のビタミンB群が含まれていることがわかったため、目玉をくり抜いて、飴型やチョコレート型の強壮剤をつくり、航空兵や潜水艦乗組員に供給された。[4] また、全国米穀加工組合が茶殻やもち草、柏の葉の粉末を「決戦粉」と名付けて餅やパンを作る計画を立て（１９４４年７月）、柿の皮やりんごの皮、落花生などを用いた戦時代用パンが出現した。[4] 軍需省は、全国の飼い犬を強制的に供出させた。毛皮は飛行服にし、肉は食用にした。[4] 大きいのは三円、小さいのは一円だった。

１９４５年（昭和20年）、タンパク源として、ヘビやカエル、ネズミも食用とされた。[4] 東京都内からの買い出し部隊が１日に18万人となり、千葉・埼玉・神奈川の三県で買い出しされるサツマイモが１８０万キロにもなった。[4] 10月には「１０００万人餓死説」が流れた。11月、餓死者が続出し、東京の上野駅の構内で、餓死者が１日６人出たこともあった。[1] 全死者数の記録は見当たらないが、11月１日に東京の日比谷公園で「餓死対策国民大会」が開かれ、米三合の配給が要求されたというから、よほど深刻な事態だったのだろう。12月、食料事情が悪化。大阪では、サツマイモや馬鈴薯、芋づるを加工した人造米が作られた。

終戦後――皇居前広場でのデモ

終戦後の１９４６年（昭和21年）１月、食料難のため、10万人以上の都市へ転出することが禁止された。[4] ３月には「都会地転入抑制緊急措置令」が公布された。都市の人口が増加し、食料事情が悪化したためである。１９４６年５月末まで、東京など、１都24市への転入を禁止した。配給制だった食べ物は、「遅配」といって遅れることが多く、多くの人が飢えで亡くなった。[6] ５月には東京・世田谷区の米よこせ区民大会が皇居へデモ、５月の食糧メーデー（飯米獲得人民大会）には「憲法より食糧を」をスローガンに、皇居前広場に25万人が集まった。「朕ハタラ腹食ッテイル．汝臣民飢エテ死ネ」のプラカードが問題となった。[1] 物資の不足により、模造食品が多く出回ったため、農林物資の品質改善や、取引遵守のためにＪＡＳ法が制定された。[5] 高価な着物と食べ物を交換するため、着物を１枚ずつはがしていく様子から「タケノコ生活」と呼ばれていた。[6]

１９４７年（昭和22年）食料難のため、東京中央郵便局などで大量の欠勤が発生した。[4] ７月、京都大学は10日に１日の食料買い出し休暇を許可している。[1] 10月には登校時を狙って児童や園児から弁当を奪う少年が激増した。[1] 12月には、端境期《はざかいき》（古米と新米が入れ替わる時期）までの食料の不足が１８００万トンと発表された。その一方、平均寿命が初めて50歳を超えた（男50・06歳、女53・96歳）。

このように、１９４５年の敗戦後も、食料不足が深刻な「戦後食料危機」だった。理由としては、戦争による耕地の荒廃、農業労働力の不足、輸送の不円滑化、配給制度の不合理などが挙げられると、白木沢旭児《しらきざわあさひこ》は「戦後食糧輸入の定着と食生活改善」で述べている。[7] 1948年（昭和23年）にも、9月6日に東京都葛飾区の主婦5000人が「米よこせ大会」を開催している。[1] この年の10月頃から食料事情が好転し始めた。

4 1970年代以降の日本の食にまつわる問題

1972年に出版された、ローマクラブ『成長の限界』では、シミュレーションによって食料危機の可能性が示された。ドネラ・メドウズ[8]などの著者らは、将来、食料危機が来ると結論づけた。この年、ソ連が米国から大量の穀物を買い付けたことで、日本では翌年1973年、すなわち第一次オイルショックが起きた年の夏に、「食料危機が来る」と報じられていたそうだ。

1980年代の前半に、世界的な異常気象で食料危機が迫っているという報道が相次いだ。食生態学者の西丸震哉氏は「日本は食料を輸入できなくなる」と語り、食料危機を唱えた。その後のバブル景気で危機感は薄らいでいく。

1991年にフィリピンのピナツボ火山が噴火。その後、ピナツボ噴火と関連したとされる1993年の記録的冷夏により、米が不作となった。政府は米の緊急輸入を決め、食糧庁は最終的に254万トンの買い入れを決める。しかし、タイ米などを敬遠する消費者は、米を売る小売店に行列して並び、国産米が消える「平成の米騒動」が起きる。

2000年代に入ってからは世界金融危機の時期に食料品価格が高騰し、食料を入手できない脆弱な人々に打撃を与えてきた。また、2000年代は、食に関する事件が相次いで発生した。2000年6月の雪印食中毒事件。2001年には国内で飼育されていた牛がBSE（牛海綿状脳症）であると農林水産省が発表。2003年に飛騨牛の肉質を偽装表示した事件。2007年はミートホープ事件、石屋製菓「白い恋人」の賞味期限偽装、赤福餅の消費期限偽装、船場吉兆の食べ残し再提供と産地・賞味期限偽装と続出。2008年には事故米の不正転売、産地偽装食品が多発した。

筆者は1997年から食品製造企業に勤めており、雪印事件の頃にはお客様対応業務も兼務していたので、朝7時から夜10時まで2日間連続で電話を受け続ける経験をした。その後も、食に関する事件が勃発するたびに、食品企業には、取引先である小売や卸会社、消費者からの問い合わせが殺到した。

2011年3月11日に発生した東日本大震災は未曽有《みぞう》の災害となった。工場が被災し、津波の被害を受け、食品業界の供給も大きく乱れた。発災当日は首都圏で帰宅困難者が大量に発生し、コンビニやスーパーの食料品が買い占められた。大きな被害を受けていない首都圏でも、スーパーの棚から食料品が消える事態となった。「食品ロス」は、これ以前から少しずつ注目を浴びていたが、東日本大震災は、改めて食の無駄を見直させられる機会となった。

2011年から2012年にかけて、福島県産の牛や米の産地を偽装する事件が相次いだ。

2013年には中国米を混入させる米の偽装で卸会社が刑事告発され、阪急阪神ホテルズが食品偽装、椿山荘《ちんざんそう》などが食品の表示を偽装。2014年、マクドナルドのチキンナゲットに期限切れ鶏肉を使用。まるか食品「ペヤング」に虫が混入。2016年には株式会社壱番屋（ココイチ）の異物の混入した可能性のあるビーフカツを、廃棄物処理業者が転売。2016年のこの「廃棄カツ横流し事件」も、食品ロス問題に注目が集まるきっかけとなった。

5 現代の、給食しか食べられない子どもたち

筆者は食品メーカーで14年5カ月、広報と栄養業務、社会貢献業務などの責任者を務めて

いた。その後、東日本大震災の食料支援で食料の無駄を目にしたのをきっかけに退職して独立したのだが、退職を知り、当時、商品を寄付していたフードバンクから「会社を辞めたのならうちの広報になってくれないか」と頼まれ、その後3年間、フードバンクの広報責任者を務めることになった。

そのとき初めて知ったのは、給食しか食べるものがない子が日本にもいるということだった。夏休みや冬休みは給食がないので、食べるものがない。そのため、長期休みが明けると痩せている子どもがいる。親が食事を作らないので、お腹がすいて給食を食べるためだけに登校する小学生もいる。ある社会福祉協議会の職員によると、ご飯にゴキブリが炊き込まれても平気でいる親がいる、という。母子支援施設の理事長は、若い女性とその子どもが男性のDVから逃れようと駆け込んできても、また別の男性と仲良くなり、子どもを置いていってしまう事例を教えてくれた。置いていかれた3歳の子に米の研ぎ方を教えたという。

「子どもは親を選べない」と理事長は語った。どれも首都圏での話だ。ある日本の政治家は、日本で米が買えない人はいないという意味のことを語ったが、子どもの貧困の存在を知りもしないということだろう。一般の人の間でも、日本の貧困は「見えない」から「存在しない」という認識がある。見えないから存在しないわけではない。2020年7月17日に厚生労働省が発表した「国民生活基礎調査」（2018年）[9]によれば、17歳以下の子どもの相対的貧困率は13・5％で、子どもの7人に1人が貧困状態にあり、国際的に見ても高い水準にある。

第四章

食料を確保するためには

世界の食料をどのように確保すべきか。２０１４年、雑誌『ナショナル・ジオグラフィック』５月号は、シリーズ「90億人の食」で食料問題を特集し、環境科学者で米国ミネソタ大学環境研究所長のジョナサン・フォーリー氏が「５つの提言から考える世界の食の未来」を寄稿した。農業と環境に関する膨大なデータを解析し、環境負荷を減らし食料供給を倍増させる方策として、次の五つを提言している。

提言１　農地を拡大しない
提言２　今ある農地の生産性を高める
提言３　資源をもっと有効に使う
提言４　食生活を見直す
提言５　食品廃棄物を減らす

総括すると、「今ある資源を有効に活用し、無駄を減らす」ということだ。ノースカロライナ州立大学教授で進化生物学者のロブ・ダン氏は、著書[1]で、「食物生産システムをより公正でサステナブルなものにし、不作や政府の崩壊の影響をなるべく受けないようにする方法」として「私たちにできるとても単純なことがある。まず食物を無駄にしないことだ。そして肉をあまり食べないことである」と述べている。そこで本章では、特に「提言5」の「食品廃棄物」、中でも「食品ロス」を減らすための取り組みを紹介したい。

「余った食品を途上国に送れるわけじゃないから食品ロスを減らしても飢餓は解決できない」という主張を耳にする。だが、余剰食品は自然消滅するわけではない。すべての国や地域が、余剰食品を必要な人へ再分配し（環境配慮の原則「3R」のReuse）、家畜のエサや堆肥へ資源化（「3R」のRecycle）できているわけではない。高いコストとエネルギーを費やし焼却処分して二酸化炭素を排出するか、埋め立てて二酸化炭素の25倍以上の温室効果ガスを出すメタンガスを排出するか、どちらかだ。

食品ロスの処理は、世界の食料生産は足りているのに飢餓が起きる3要因（気候変動・紛争・経済停滞）の気候変動に影響し、農畜水産物の生産に打撃を与える。国連WFPは公式サイトで次の趣旨を述べている。「食品廃棄は、生産に使われた土地や水、労力、資材がすべて無駄になる。処理に伴い発生する温室効果ガスは自然災害の一因となり、農業に打撃を与える悪循環が起こる。食品廃棄に伴う経済的損失（魚介類除く）は7500億ドル（約84兆円）と試算され、日本の国家予算（100兆円弱）の8割を超える。食品廃棄が続けば飢餓は途上国から先進国へと広がりかねない」。筆者が評議委員（審査員）を務めた内閣府主導「ムーンショット型農林水産研究開発事業」では「地球規模でムリ・ムダのない持続的な食料供給産業の創出」が目標に据えられ、食品ロス削減や昆虫食のプロジェクトが採択された。

1 食品ロス削減

第二章で言及した通り、まだ十分に食べられるにもかかわらず、様々な理由で捨てられる食品を「食品ロス」と呼ぶ。ＦＡＯは、世界の食料生産量のうち、重量ベースで３分の１が捨てられていると、２０１１年[2]と２０１３年[3]に報告している。この数字は厳密ではない、とする研究者もいるが、相当量廃棄されているのは間違いない。ＦＡＯ駐日連絡事務所長のンブリ・チャールズ・ボリコ氏が語っていたように、今、捨てている食料の一部だけで、食料が足りていない人の分は十分に賄うことができる。

日本では、東京都民が１年間に食べているのとほぼ同じ量（年間６１２万トン、２０１７年度農林水産省推計[4]）が廃棄されている。世界で食料を必要とする人に寄付される食料援助量

（年間420万トン、2019年度：国連WFP）の1・5倍[5]に相当する。これは、国民一人あたりおにぎり1個分（132グラム）を毎日捨てている計算になる。

奥から賞味期限の新しい商品を取ったことがある人、88％

食品ロスの出どころは、大別すると事業系と家庭系に分かれる。「企業が大量に捨てている」と認識している消費者も少なからずいるが、家庭系46％（284万トン）、事業系54％（328万トン）[4]と、半数近くが家庭から発生している。

しかも事業系に分類されているものの、われわれ消費者が原因の食品ロスもある。典型的なのが、買い物のとき、奥に手を伸ばして、賞味期限表示の新しいものを取る行為だ。スーパーやコンビニでは「先入れ先出し」で、期限の近づいたものを手前に陳列する。しかし、「同じ値段ならできるだけ新しいものを」と考える消費者は、値引きされていない限り、奥から取っていく。筆者のアンケート調査によれば、2411名中、「買い物のとき、賞味期限表示の新しいものを、手を伸ばして奥から取ったことがある」人は88％（2121名）（リアルタイムアンケートシステム「respon《レスポン》」による）。こうして、商品棚には、手前に置かれた期限が近づいたものが売れ残る。

小売店で売れ残ったものや、飲食店で客が食べ残したものは、店だけが処理コストを払うのではない。「事業系一般廃棄物」として回収され、多くの自治体では家庭ごみと一緒に焼却処分される。東京都世田谷区は、事業系一般廃棄物の処理コストを「1キロあたり56円」と発表している（2020年4月現在）[6]。つまり、市区町村が市民から徴収した税金も使われている。食品ロスを削減することは、現時点で38％（2020年9月、農林水産省発表）の食料自給率の上昇にもつながる。

賞味期限を延ばす新技術

日本では、容器包装の技術を駆使することで、食品ロスを削減する試みがある。たとえばキッコーマン食品は、醤油が開封後に酸化するのを防ぐため、容器を改良して押し出し式にし、醤油の鮮度を90日間保持することに成功した[7]。マヨネーズを製造するキユーピー株式会社は、製造方法や容器を改良し、7カ月だった賞味期限を12カ月に延長した[8]。

一方で、プラスチック削減の動きもあるため、容器包装を使わずに青果物の品質を保つ取り組みもある。米国のApeel Scienceは植物から抽出した食用コーティングを開発した。これをレモンやバナナなど、野菜や果物にスプレーすると、日持ちを2倍以上に延長すること

パンの缶詰を贈られたフィリピンの子どもたち（パン・アキモト提供）

ができる。[9] 米国やドイツではすでに市場導入されている。また、米国の Hazel Technologies は、野菜や果物の保存中に放出されるエチレンガスを抑制する小袋を開発した。[10] これを一つ、野菜や果物の箱に入れておくだけで、日持ちを延ばすことができる。

日本では、「パンの缶詰」が開発された。[11] 栃木県那須塩原市にあるパン・アキモトは、阪神・淡路大震災の際、支援のために被災地に寄贈したパンがだめになってしまった経験から、パンの缶詰作りに着手した。被災者から、乾パンではなく、やわらかいパンで日持ちのするものはないだろうかと問われたことがきっかけだ。社長の秋元義彦さんは、クリスチャンなのだそうだ。

試行錯誤の末、できあがったパンの缶詰は、37

カ月間の賞味期間がある。製造から2年以上経ったものでもふわふわだ。備蓄用として購入した人が再度購入する場合、今まで保管していたものの賞味期限が7カ月前頃まで迫った時点で、希望する場合はパン・アキモトに寄付することができる。寄付されたパンの缶詰は、世界の紛争地や途上国、日本の被災地などに運び、必要な人たちに届けている。[12] 缶そのものにメッセージを書いて届けることもできるし、貧困国では空いた缶を容器として使うこともできる。パン・アキモトの救缶鳥プロジェクトは、環境省の第5回グッドライフアワード環境大臣賞最優秀賞など、数々の賞を受賞している。

気象データの活用

日本気象協会は、食品メーカーに気象データを提供し、食品ロスの削減に貢献している。群馬県の相模屋食料は、冷奴《ひややっこ》用の寄せ豆腐が、前日との気温差が大きいほど売れる傾向を気象データから掴み、年間で30％の食品ロスを削減。削減コストは1000万円以上に及んだ。

気候変動の影響により、毎年、気象状況は変わっている。日本ではフォアキャスティングという、過去の実績から数値目標を立てるやり方が多くの企業で取り入れられているが、前の年が酷暑だったからといって次の年も酷暑とは限らない。総務省の調査によれば、気象データをビジネスに活用している企業は全体の1％しか存在しない。[13]もっと活用されてほしいものである。

IoTやスマート機器の活用

経済産業省は、2025年までに大手コンビニエンスストア5社で電子タグ（RFID）1000億枚をつけると目標を立てている。[14]電子タグとは、電波を利用することで、個体に触れずに識別できるツールである。

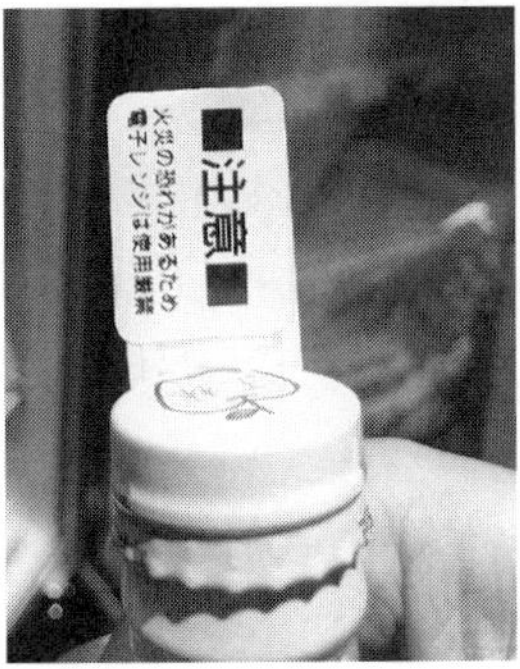

電子タグの一例（筆者撮影）

現在、飲食料品の情報はバーコードで読み取られている。このバーコードの代わりに、電子タグを使うことで、フードサプライチェーンのどの段階に在庫があるのか、タイムリーに詳細な情報を把握することができるようになる。小売ではレジや検品、棚卸が効率的になり、万引き防止にもなる。すでに図書館や衣料品販売では実用化されている。ただ、電子タグ自体を1枚1円レベルまで下げられるかというコストの問題と、誰がどこで貼るかが課題となっており、2020年現在、食品業界では実証実験の段階にとどまっている。しかし、イスラエルの会社がスペインのスーパーマーケットで電子タグを活用して行った「ダイナミック・プライシング」の実証実験では、食品ロスが30％以上削減できたという成果が出ている。

期限が近づいた食品を値引き販売する場合、今は値引きシールを手作業で貼っていくケースが多いが、電子タグを使えば、電光掲示板のような値段表記で、期限が近づいたら自動で値引き表示してくれる。販売者側の在庫管理が楽になり、日々の値引き販売の効率改善にもなる。

家庭では「スマート冷蔵庫」の実用化が検証されている。冷蔵庫内に保管している食品の賞味期限や消費期限を把握し、消費者にリマインドし（思い出させ）て食品ロスを防いだり、不要な買い物を防いだりすることができる。あるいは冷蔵庫にある食材を使ってどのようなメニューが作れるかを提案する機能を備えているものもある。

計測・見える化

ホテルやレストランの厨房で、余った食材や料理を計測し、写真に撮り、なぜ余ったかの理由を入力できる「Leanpath（リーンパス）」という機器が米国で開発された。[15] リアルタイムで見える化することにより、食品ロス削減に役立つ。米国ペンタゴンシティにある大手ホテルのリッツ・カールトンはこれにより、食品ロスを54％削減することが可能となった（2016年比で2019年までに6万1000ポンド＝約27トン削減）。[16]

オランダのOrbisk社は、厨房で余った食材の種類を瞬時に分析する自動カメラを開発した。計量もできるし、分析結果をグラフ化することもできる。[17]

中部地方でスーパーマーケットを展開するユニーは、各店舗で発生する廃棄物を19分類し、計量することで、どこでロスが出ているかを把握し、削減に成功した。[18]

計測し、見える化することで食品ロスを削減できるのは事業者だけでなく、家庭も同じことである。兵庫県神戸市では、日本で初めて「食品ロスダイアリー」を市民に導入した。家庭で捨てた食品とその量を記録するものである。1週目よりも2週目、2週目より3週目にロスが減る傾向が見られた。[19] 記録し、見える化することは、意識を変え、行動を変えていくということがわかる。

以前、「はかるだけダイエット」が流行った時期があった。「はかるだけで減るのか？」と思った人も少なくなかっただろうが、やはりはかることでその人の意識や行動が変わっていくのだろう。

環境省は、毎年3月末に、全国の自治体のうち、リデュース（廃棄物の発生抑制）の取り組みに優れた自治体を人口区分別に発表している。平成30年（2018年）度、人口50万人以上の区分で1位になったのは東京都八王子市（一人1日あたりのごみ排出量776・9グラム）。[20] 2位が愛媛県松山市（782・2グラム）。この二つの自治体は、毎年、デッドヒートを繰り広げている。これも計測することで見える化し、目標に向かう意欲を高めた結果だといえるだろう。3位が神奈川県川崎市（834・0グラム）、4位は筆者が廃棄物対策審議会委員を務めている埼玉県川口市（835・3グラム）、5位が京都市（843・2グラム）。

京都市は、全国の政令指定都市の中で、家庭ごみが最も少ない自治体だ。2000年に年間82万トン発生していたごみ量を、約20年間でほぼ半分にした。[21] 人口が140万人を超えており（2020年現在）、国内外から観光客が訪れ、修学旅行生だけでも年間110万人が訪問する京都市だが、あるものを使い尽くす「しまつする」の精神と、毎年きちんと計測し、「半減」という数値目標を立てたことで実現できたことだと考える。修理やお直し、リユースできる店を集めた「もっぺん」というサイトもある[22]（「もっぺん」は京都の言葉で「もう一

図表4-1 賞味期限と消費期限のイメージ

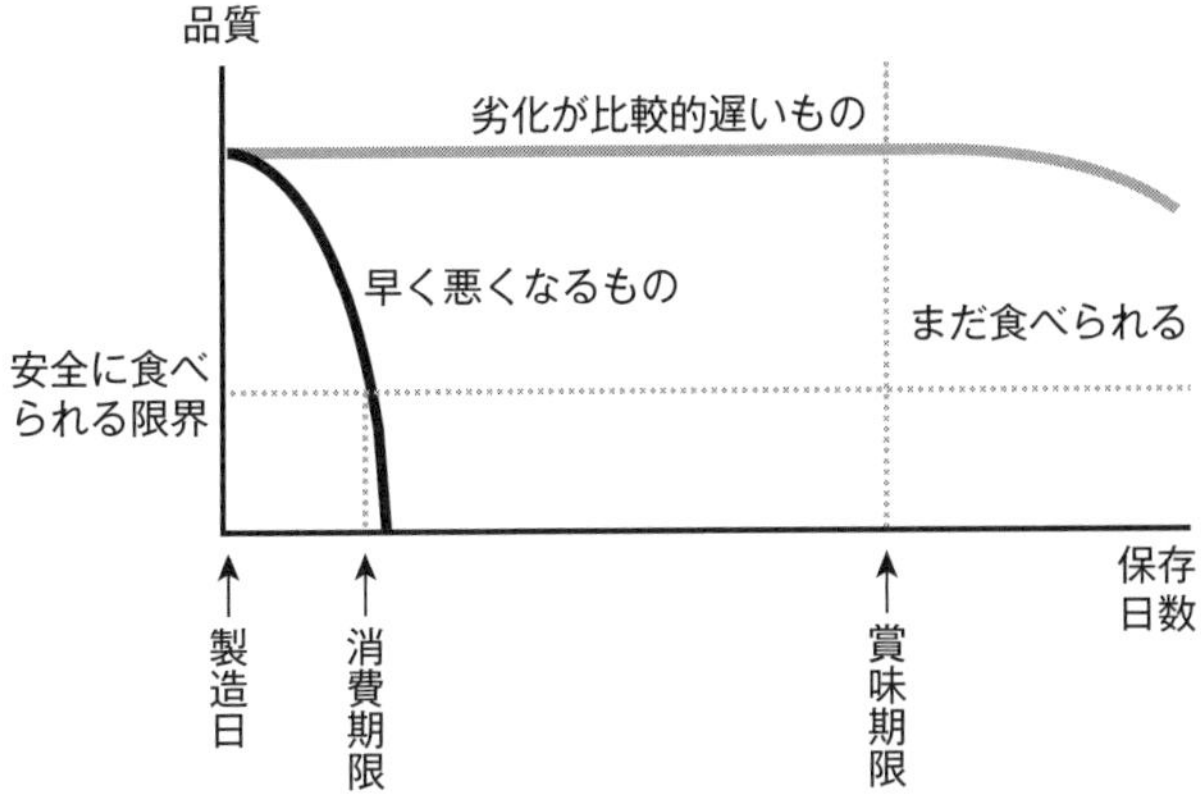

出所：農林水産省ホームページ

回」の意味。大事なものが少しだめになったら直してまた使う）。

賞味期限は五感で判断を

賞《しょう》味《み》期《き》限《げん》と消《しょう》費《ひ》期《き》限《げん》。両者の違いは中学校の家庭科で履修する。にもかかわらず、いまだに「賞味期限切れを食べるとお腹をこわす」と勘違いしている人が多いのは、音読みして「み」と「ひ」と一文字しか違わないせいもあるだろう。

気を付けるべきは「消費期限」表示のものである。おおむね5日以内の日持ちのものに表示される。たとえばお弁当、おにぎり、サンドウィッチ、調理パン、生クリームのケーキ、鮮魚、精肉など。保存時間が経つにつれ品質が劣化するスピードが速いので、早めに食べたほうがよい。

とはいえ、消費期限表示のものも、リスクを鑑みて短めに設定されている場合もある。ケーキ専門店では、誕生日やクリスマスに丸い大型のケーキ（ホールケーキ）を買うと「本日中にお召し上がりください」とシールが貼られる。が、平均世帯人数2人強の現在、ホールケーキを買った日に食べ切っている消費者はどれくらいいるのだろう、とも思う。

図表4－1を見てもわかるように、賞味期限は過ぎたとしても、即座に品質が劣化するものではない。なぜなら「おいしく食べられる期限」であり、たいていの食品には、リスクを考慮し、1未満の安全係数が掛け算されて短めに設定されているからだ。国（消費者庁）は「0・8以上」を推奨しているが、義務ではない。筆者が複数の企業に取材したところ、0・5、0・6、0・7を使っている企業もあった。

安全係数が使われるのは賞味期限表示のものだけではない。日持ちの短い菓子類は「消費期限表示」が使われるが、安全係数0・5を掛け算して消費期限が設定されることが多いと、関係会社主催のセミナー参加時に伺った。つまり2日間日持ちする場合は、0・5を掛け算して「消費期限1日」とする、ということである。

逆に、賞味期限内であったとしても、直射日光に当たっていたり、高温多湿の場所にずっと置かれていたりなど、保管条件が悪ければ、品質が劣化してしまう場合もある。賞味期限は目安であり、数字を鵜呑《うの》みにして思考停止になるのではなく、自身の五感を総動員して判断すべきものである。

２０２０年７月22日～９月11日、消費者庁が「賞味期限の愛称・通称コンテスト」を主催し、筆者も審査員の一員となった。審査の結果、最優秀賞に当たる「内閣府特命担当大臣賞」を受賞したのは「おいしいめやす」という言葉だった。賞味期限は、元来、ピンポイントで客観的に区切る「期限」という言葉より、主観で五感を駆使して判断する「目安」の方がふさわしいのである。

牛乳パックの一面を使って「賞味期限は五感で判断を」と啓発されている（デンマーク、提供：Too Good To Go）

デンマークでは２０１９年２月、「賞味期限と消費期限の書き方キャンペーン」が実施された。デンマーク食糧庁のお墨付きのもと、賞味期限表示の近くに「多くの場合、過ぎてもおいしく食べられます」と追記されるようになった。筆者が2019年7月、デンマーク・コペンハーゲンの「Too Good To Go[23]」（後述）に取材した際、1リットルの牛乳パックに表示された写真を見せてもらった。

デンマークでは、賞味期限切れ食品を扱うスーパー Wefood（ウィーフード）も登場しており、フィンランドにも広がっている。

スウェーデンでも、「賞味期限が過ぎてもたいていの場合は飲食可能」などの表示が入れられるようになっている。

イタリア・ピエモンテ州を取材した際に伺ったことだが、欧州の多くの国では、18カ月以上賞味期間がある場合、表示は「年」だけでいいという決まりがある。日本でも、3カ月以上賞味期間があれば、日付を省略していいことになっている。

ペットボトル入りミネラルウォーターの賞味期限は賞味期限ではない

ペットボトル入りミネラルウォーターに表示されている「賞味期限」は、実は賞味期限ではない。長期間保管していくと、容器を通して水が蒸発するので、表記している内容量から欠けてしまう。すると「計量法」に抵触することになるため、内容量を担保できる期限が

「賞味期限」として表示されているのだ。ミネラルウォーターがペットボトルでなく、ガラス瓶に入っている場合は、賞味期限表示は省略できる。それだけ、品質の劣化は少ないということである。

気候変動の影響もあり、日本では毎年のように自然災害が発生している。2016年熊本地震の際、被災地には全国からペットボトルの水が集まった。が、3年後の2019年、熊本日日新聞が報じた記事によると、熊本市で130トンものミネラルウォーターが賞味期限が切れた状態で余っており、花壇の水やりや手足を洗うのに使っているとのこと。

同じく2019年に発生した千葉での台風被害では、富津《ふっつ》市が市民に配ったミネラルウォーターの賞味期限が1年以上切れており、市民からクレームがあり、市がお詫びし、さらにそれを東京新聞が報じた。前述の通り、期限が切れても飲めないわけではないし、品質が変わっているわけでもない。みすみす飲める水を捨てる必要はなかったし、市民がクレームをつける必要もなく、市がお詫びしたり新聞が報じたりする必要もなかった。賞味期限の誤解がなくなり、食料の無駄な廃棄が終わる日は、いつ来るのだろうか。

卵の実際の賞味期限は2週間ではない

市販の卵の賞味期限は、「夏場に生で食べる」前提で、パックされてから2週間の日付が表示されている。しかし、気温が10度以下で保管されていれば、理論上は産卵から57日間、生で食べることができる。[21] ましてや、ゆでたり焼いたりすれば、もっと長く食べることができる。

1953年（昭和28年）から67年間、養鶏場を営んでいる篠原養鶏場の篠原一郎氏（86歳）によれば、「かつて、卵は乾物屋で販売される保存食だった」。なのに、いつのまにか、牛乳と同じ、日持ちのしない「日配品《にっぱい》」のカテゴリに分類され、1990年代に入ってから、夏場に生で食べる前提で短い賞味期限が記載されるようになった。篠原氏は、ニワトリのエサとして、大麦、小麦、トウモロコシ、米、胡麻、そば、ふすま、米糠、魚介、海藻、牧草、パプリカ、ターメリックなど、多数の天然飼料を配合して与えており、公式サイトで「卵は作品」である、と述べている。

ニワトリは、1個の卵を産むのに24時間以上かけている。貴重な卵を、圧倒的に短く設定した賞味期限表示で捨てるのは、そろそろやめなければなるまい。

規格外の食品の活用

この節では「規格外」の食品を活用している取り組みを、できるだけ多く、簡潔に取り上げてみたいと思う。

「規格外」とは、大きさやパッケージされた量が定められた範囲からはみ出す、パッケージに問題が出てしまうなど、「規格」にそぐわない食品のことを指す。規格外の農産物や畜水産物の多くは廃棄されており、それを活用することは食品ロス削減にもつながる。

2017年2月、日本語で「出来損ないの顔」という名前のブランドを立ち上げたフランスのベンチャー企業[24]を視察した。工業生産でグラム数が足りないカマンベールチーズや、箱が少々つぶれたシリアルなど、「規格」にそぐわないけれど、十分食べられる食品や規格外の農産物を、一つのブランドの傘下におさめて売るというものである。

ニュージーランドの小売大手「Countdown（カウントダウン）[25]」は2017年から「オッドバンチ」というブランドで規格外の農産物を販売[26]している。2018年の売り上げは前年度比45％増だった。オーストラリアや欧州でも同様の取り組みが始まっている。

GUTE GLASS（グーテ・グラス）のバナナアイス（撮影：株式会社ワンプラネット・カフェ）

スウェーデンでは、スーパーCOOPで売れ残ったバナナをアイスクリーム会社が引き取り、バナナアイスを製造していた。2019年7月に取材し、試食したところ、甘みも香りも豊かなバナナアイスだった。

オランダの農家の規格外果物を利用して製造した「Fooditive」という甘味料[27]は、スウェーデンや欧州で販売されている。デンマークでは規格外のトマト75トンをスーパーが引き取って安価に売り、一部はケチャップに加工している。[28]

豚肉用の豚は、決められた体重を外れると、格付けが下がり、値が下がってしまうという。そんな基準体重から外れた豚を仕入れているのが、荻野伸也氏が経営するレストラン「ＯＧＩＮＯ」だ。シャルキュトリー（ハム・ソーセージ・テリーヌなど）の素材としておいしく提供している。荻野氏は、ジビエを活用したソーセージも作っている。ほとんどの野菜は北海道の農家から直接購入しているが、「にんじん料理を作るからにんじんを1万円分ください」という頼み方はしておらず、「今、畑にある野菜を1万円分ください」と注文しているのだと、取材で話されていた。

未利用魚を生かしている居酒屋もある。東京の「魚治《うおはる》」だ。セリで売れ残った魚介類を仕入れ、その日にメニューを考え、夕方から提供する。東京・有楽町駅から徒歩5分のビルと、中目黒の高架下にある。

おからの生産量のうち、人間が食べるのは1%のみで、残りは家畜が食べるか、廃棄される。株式会社Ocalan（オカラン）は、このおからと豆乳を使い、小麦粉不使用のおからケーキを3年かけて開発した。現在はおからクッキーも提供している。

長野県の株式会社マツザワは、摘果りんごを「りんご乙女」という、薄焼き煎餅《せんべい》のような土産物菓子の中に入れた。これにより、夏に収入ゼロだったりんご農家も、夏に月20万〜30万円の収入を得られるようになった。

日本で最も古いりんご園、青森県のもりやま園は、摘果りんごを使った、世界初の「摘果果（テキカカ）シードル」を3年がかりで商品化した。

欠品の許容など、商慣習の緩和

食品業界には様々な商慣習がある。65ページで言及した「3分の1ルール」、前日納品した商品の賞味期限より、1日たりとも古いものの納品は許されない「日付後退品の納品NG」、欠品したら売上粗利補償金を払うか、もしくは取引停止となる「欠品ペナルティ」、などなど……。

この商慣習の縛りをできる限り最小限にすることが、確実に食品ロスの削減につながる。なぜなら、商慣習の多くは小売が課したものであり、小売に従わないとメーカーが取引できないから、致し方なく従っているからだ。

イギリスで食品ロス削減のために活動しているジャーナリストのトリストラム・スチュアート氏を、2017年に筆者が訪問した際、彼は英国の大手スーパーTESCO（テスコ）の食料の無駄をずいぶん暴いてきた、と話していた。スチュアート氏の追及が一因となり、今ではTESCOは食品ロスに関するデータを情報公開するようになっている。日本はそのような、市民が下から大組織を突き上げるような動きがイギリスと比べて少ないのでは、といった趣旨のことを話されていた。

市民からの突き上げは少ないかもしれないが、自主的に食品ロスの削減に取り組むスーパーはいくつかある。

福岡県柳川市のスーパーまるまつは、欠品を許容している。たとえば海が時化《しけ》ていて魚がとれないとき、無理に数を合わせようとすると、古くて高くてまずい魚を客に買わせることになってしまうからだ。現在の社長は2代目で、取材した際、ずっと前から同じように欠品は受け入れていたと話していた。

兵庫県のヤマダストアーは、2018年2月3日の節分を前に「もうやめにしよう」というコピーが大きく打ち出された広告を打った。恵方巻《えほうまき》の大量販売のことである。恵方巻の中には、枯渇が危ぶまれている海洋資源もたくさん入っている。

多くの企業は、「対前年比○%増」と数値目標を立てる。前の年より、少しでも多い数字を出そうとする。グラフで描けば右肩上がりだ。でも、日本の人口は減っているのに、なぜ恵方巻の売り上げが右肩上がりに毎年上がっていくと期待するのだろうか。

ヤマダストアーは「前年実績で恵方巻を作る」と宣言した。前の年と同じ数だけ作って売る、という意味である。

他のスーパーはどうか。2019年2月3日、多くの大手スーパーや小売は「前の年より多く売る」と取材で答えていた。実際、筆者が閉店間際に調査したところ、あるデパ地下では272本の恵方巻が売れ残っていた。全国規模では16億円の経済的損失と試算された（ある経済学者は、スーパーの廃棄率は4％で全国の損失10億円と試算したが、某スーパーの営業部長は「恵方巻の廃棄率は他の食品と同程度で20～30％」と回答した）。しかし2020年2月3日には、数多くのスーパーがそのような目標を捨てた。大学生インターン3名と協力し、閉店間際の101店舗の恵方巻売れ残り本数を調査したところ、多くの店舗で完売していたのである。

彼らはなぜ目標を「下方修正」したのか？　2019年10月1日から「食品ロス削減推進法」が施行されていたからだろう。それが、2019年と2020年の違いである。

食べきり・持ち帰り

大学には、飲食店でアルバイトしている学生が多い。大学で講義する機会をいただくと、「どんな食べ物をどれくらい捨てましたか」と尋ねてみる。すると、ありとあらゆる業態で食べ物を捨てていることがわかる。焼肉屋、パン屋、ケーキ屋、しゃぶしゃぶ店、定食屋、コンビニ（イートイン）、寿司店、などなど……。回転寿司店では決められた回転数を終えると「ネタが乾いた」などの理由で捨てられる。

元気寿司は、コンベヤーに寿司をほとんど載せず、顧客が注文してから出すスタイルにしたところ、食品ロスが減り、売り上げが１・５倍に伸びたという。[29]

日本では、ドギーバッグ普及委員会[30]が、持ち帰り用の折りたたみドギーバッグや、持ち帰る場合に使える自己責任カードを制作している。２０２０年に環境省が主催した新しいドギーバッグのネーミングコンテストには２３４０点の応募があり、２０２０年10月９日に結果公表、大賞には「mottECO（モッテコ）」が選ばれた。フランスの農業・食料省では、女性職員が、ドギーバッグならぬ「グルメバッグ」を立ち上げた。取材で「なぜドギーバッグでなくグルメなのか」と聞いたところ「シェフに敬意を表して」とのことだった。

イタリア・トリエステのレストランで出されたパン（筆者撮影）

　筆者がイタリア・トリエステのあるレストランを利用したときのこと。ベーカリーから直接納品されたらしいパンが、茶色い袋に入ったまま出てきた。パンを食べ切れなくても、その袋のまま持って帰ればいい。日本のビュフェでは、パンが乾いてしまったという理由で捨てられることもある。袋に入っていればパンは乾かない。

これはいいなと思って、帰国して東京・銀座一丁目のレストランに行ったら、同じようにパンが出てきてびっくりした。シェフの方は、トリエステで修業した経験もあるとのことだった。

東京オリンピックで行われる予定だった「ナッジ」の取り組み

2020年に開催予定だった東京オリンピック・パラリンピックでは、選手村の食事はビュフェ形式で提供されるはずだった。これに先立ち、2018年女子バレーボール世界選手権と、ラグビーワールドカップ2019年で、食品ロス削減に効果的な啓発手法が検証されていた。農林水産省の委託を受け、みずほ情報総研株式会社が実施したものだ。

その際、「ナッジ（nudge）」という行動経済学の手法が用いられた。ナッジとは、2017年にノーベル経済学賞を受賞したリチャード・セイラー氏が提供した概念だ。英語で「ひじでこづく」という意味で、ひじでつついて気づかせる、といった感じだろうか。人の行動を禁止したり、命令したりするのではなく、自然にその方向に向かわせる手法だ。

W杯では、啓発ツールの三角柱のPOPに「一度にたくさん取り分けずに、何度でも取りにきてください」「食べきりに感謝！」といったメッセージが掲載された。ビュフェは、一度に食べきれないほど盛って、余って食べ残しがちだからだ。その行為を禁止するのではなく、そういう行為をしないようにするメッセージを発信するのが「ナッジ」である。

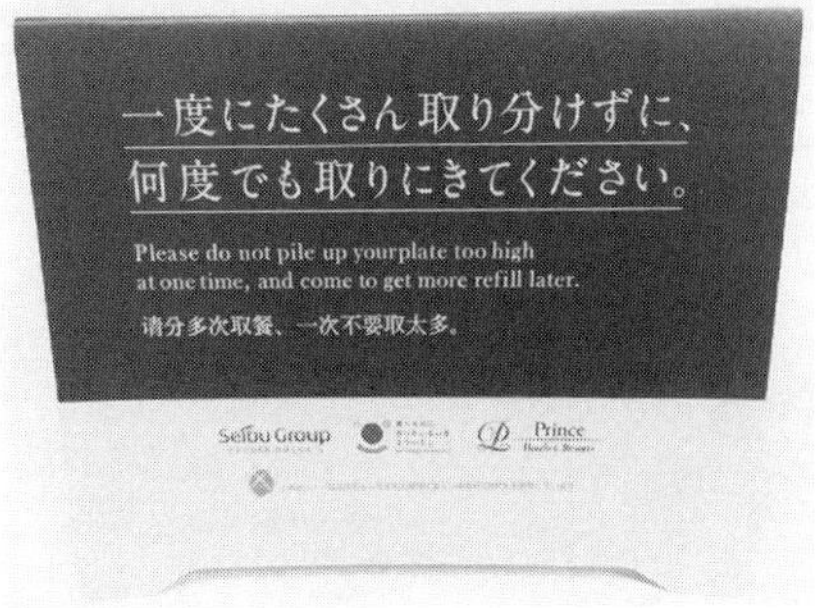

2020年1月27日、東京都内で開催された農林水産省主催「大規模スポーツイベントに向けた食品ロス削減セミナー」で紹介されたナッジの手法を用いたPOP。食べきれないほど取りすぎて発生する食品ロスを防ぐ（撮影：株式会社office 3.11）

長野県発祥の「30・10（さんまるいちまる）運動」

日本で最初に外食での食べ残しをなくす運動を始めたのは、福井県だった。その後、長野県松本市が「30・10（さんまるいちまる）運動」と名付けた。宴会の、最初の30分間と最後の10分間は席について食事を食べましょう、というものだ。乾杯してすぐにお酌に行ってしまったり、コース料理でデザートの頃には席替えして誰がどの席かわからなくなってしまったりしたら、せっかくの料理がテーブルに残ったままになってしまう。そのような無駄をなくし、しっかり料理を食べる時間を設けよう、というわけである。

もともと、宴会に出席することの多い市長が、食べ残しを憂いて、市役所の中で「30（さんまる）運動」を始めたのがきっかけだった。

結婚披露宴などでも、乾杯の後はすぐにお酌が始まる。でも最初の30分間は、まず席で料理を楽しもう、と訴えた。

「残さず食べよう！　30・10運動」の啓発コースター（提供：長野県松本市）

その後、「せっかくだから市民にも啓発しよう」と考えられて、最後の10分間もくっつけて「30・10（さんまるいちまる）運動」となった。

啓発ポスターを作ったり、居酒屋のコースターで30・10を訴えるといった取り組みがなされた。これが近隣の自治体や全国の自治体でも評判になり、ついには国（環境省）もこれを勧める啓発ツール（三角柱のＰＯＰやクリアフォルダー）を作り、公式サイトに載せるまでになった。

中国の「光盤運動」

世界人口の78億人（２０２０年9月時点）のうち、約18％（14億人）を占めるのが中国だ。世界最大の食料輸入国でもあり、多くの穀物を備蓄している、大量の食料消費国である。過去には中国共産党主席だった毛沢東が「大躍進政策」（１９５８年）や「文化大革命」（１９６６年）を提唱した。大躍進政策は「15年で英国に追いつき追い越す」という無謀な目標で、鉄や食料の増産が叫ばれ、経済は大混乱、食料難に陥り、数千万人もの餓死者を出したと言われているが[31]、少なくとも現代の都市部は飽食の状況にあるといってもいい。

２０２０年8月11日、中国政府は食料問題に対処するための新たな法令を発出した。国営・新華社通信が、習近平《シージンピン》中国国家主席（総書記）による重要指示「食べ物節約令」が発出された、と報じたのだ[32]。飲食の浪費を断固阻止するのだという。習氏は、唐の時代（６１８～９０７年）の詩「わたしたちの食事には、苦労の末に、一粒一粒の米がやって来る。このことを、誰が知っているだろうか？」を引用し、「飲食の浪費現象は深刻で、心を痛めるべきこと。食料安全保障に危機感を持たなければならない」とし、新型コロナウイルス感染症の世界的流行が「警鐘を鳴らした」と述べた[33]。

その背景には、2020年夏に長江流域で発生した大雨の水害や、それによる農地およそ600万ヘクタールに及ぶ深刻な被害、中国南部の雲南省で大量発生したバッタによる農産物被害、都市化による農業人口の減少、食料価格の上昇、食料輸入先である米国との関係の悪化、それに伴う食料輸入の不安定化などがあるとされる。この動きを受け、2020年8月中旬から9月にかけて、日本のメディアも「食料危機懸念」「食料輸入に不安」「食料不足を懸念」などの見出しで報じた[34~40]。

これに対し、北京大学中国農業政策研究センターの黄季焜氏は、2020年8月17日付Global Times の取材で「2019年の穀物総生産量は過去最高の6億6400万トンに達し、一人あたり474キロを供給している。国際的に認められている安全ラインである400キロを大幅に上回っている」と、中国が食料危機や食料不足に直面しているとの報道を否定した。しかし、警戒の必要については否定しなかった。

習氏の指示を受け、中国国営中央テレビは、国内のネット上で人気を呼んでいる大食い動画も「食べ物を無駄にする極端な事例」だと批判した。中には食べるふりをして口から吐き出す行為もあるという。習氏が指示を出した翌日の8月12日と13日には中国共産党機関紙の人民日報も一面に掲載、2020年8月13日付のNNAアジア経済ニュースは「立法による取り締まりの強化も視野に入れる」と報じている。[32] 2020年8月17日に中国社会科学院が発表した報告書では、今後5年間で中国では1億3000万トンの食料不足が生じる可能性が指摘された。ケータリング業界団体は、レストランに対し、夕食時に提供する料理の数を制限する「N－1ポリシー」（客の人数より1品少なく注文する）を提唱した。[41] また、武漢市の飲食業協会は、客の人数より1～2品少なくしか料理を注文できないようにした。[42] レストランでは、食品を節約するためにハーフポーション（半人前）の量を提供したり、無料の持ち帰り用容器を提供したりしている例もある。[43]

食べ残しへのペナルティ

「光盤運動」はオンライン上でも盛り上がる。「光盤」とは「皿を空にする、きれいにする」の意味だ。「Clear Plate（クリアプレート）」というWeChat（無料でチャットや電話ができる中国のシステム）のプログラムで、食べたあとの空のお皿を撮影し、アップロードしてAIに認識されると、ポイントを獲得できる。[44] ユーザーは、そのポイントを使って、本や携帯電話などのプレゼントを得ることもできるし、貧しい農村部の子どもたちに寄付することもできる。

逆に、食べ残しに対するペナルティの仕組みも登場している。たとえば、湖南省・長沙市にある、政府関係機関の食堂では、食べ物を125グラム以上残した場合、罰金としてカードから1元（約15円）を徴収するシステムを導入した。[45] ある学校では、毎日の食べ残しが一定量を超えた場合、奨学金の申請を止めるという。[46]

元来中国には、清朝の宮廷料理で「満漢全席」と呼ばれる宴会がある。[47] 中国全土から山海の珍味100種類以上を集めた料理が用意され、宴《うたげ》は数日間に及んだこともあるそうだ。現代でも、おもてなしする側は客が食べきれないほど料理を出し、客側は食べ残すのがマナーという風習がある。飲食店で注文する際も、食べきれないほど注文すること＝裕福さという考え方がある。2020年8月25日、日中福祉プランニング代表の王青氏が投稿した記事[48]によれば、特に魚料理は食べ残す習慣がある。その理由は、中国語の「魚」と、余るの「余」は同じ発音で、「余る」＝余裕がある＝縁起がいいとされるからだそうだ。

年間の食品ロスの量はおよそ3500万トン

実は、中国で食べ残しを諫《いさ》める運動が展開されるのは、今回が初めてではない。

2013年1月、宴会の食べ残しが年間5000万トン以上に及ぶことを受け、習氏は節約の励行と浪費の禁止を求める指示を出した。国が「とてつもない量。節約すべき」として「光盤（食べ残し撲滅）運動」を始めたことが日本でも報じられた[49]。筆者の知人である日本在住の中国人医師は、「中国に帰国してホテルに泊まると、最近は朝食会場のテーブルに『地球を守るために食品ロス削減』というＰＯＰが置いてある」と話してくれた。

２０１３年の指示は、公務員の公金による浪費を取り締まる意図があった。それを受けて、２０１３年当時、著名人や市民の間でも光盤運動が広がっていった。今回、改めて習氏が指示を出したのは、公務員というより、一般人の飲食を対象とし、広く一般市民に危機意識を植え付けることに重点が置かれているようだ。

２０２０年８月12日付の人民日報が報じた内容によれば、中国の年間の食品ロス量はおよそ３５００万トン。中国の飲食店３６６店を調査したところ、注文した料理の１割以上が無駄になっていて、都市部の飲食業界が浪費する年間１７００万～１８００万トンの食物は、３０００万～５０００万人の年間食事量に相当するという[32]。地理科学・天然資源研究所の２０１８年の報告書によると、中国のケータリング業界は平均11・７％の食事を無駄にしており、大人数の集まりではその割合は４倍近くの38％にのぼる[50]。

２０２０年８月26日付の Bloomberg（ブルームバーグ）は、習氏が２０１３年から７年ぶり、

２回目の食べ残し撲滅キャンペーンを実施する理由は、食料不足のほかにもあるという。[51] それは、中国が世界で最も廃棄物を発生させている国であることの解決策になるからだ、としている。中国は１９９０年代に焼却炉の建設を始めたが、これが公害問題を引き起こした。解決するには生ごみ、つまり食品ごみの処理が必要となる。生ごみは、中国の廃棄物のうち、およそ50～70%を占める。このうち、60%は一般消費者が家庭や外食で出したものだ。

２０２０年９月22日、習氏は国連総会で「２０６０年までに温室効果ガスを実質ゼロにする」ことを目指すと宣言した。中国外務省の副報道局長は、翌９月23日の記者会見で、この発言が、トランプ政権による中国批判を意識したものであることを明らかにした。一方、大量の食品ロスを減らさなければ「温室効果ガス実質ゼロ」の目標を達成するのは難しいので、「実質ゼロ」を目指すための「光盤運動」なのかもしれないが、真意はわからない。

２ 食料安全保障の「利用可能性」

地元で採れた食べ物を地元で食べる「地産地消」は、食品を運ぶためのエネルギー消費や、それに伴う環境負荷を軽減してくれるだろう。

では、もっと視野を広げてみて、国全体ではどうか。日本の食料自給率はカロリーベースで38％（2019年度）。日本のフードマイレージの高さや食料自給率の低さは指摘され続けている。もちろん、フードマイレージや食料自給率は一つの指標であり、絶対視する必要はない。食品を運ぶ距離は同じでも、輸送手段が飛行機か船かで二酸化炭素の排出量は大きく異なる。

食は人間が生きていくうえで、経済活動も含めたすべての営みの根幹で、最も重要な一つである。もっと自国で賄えるよう生産できないだろうか。FAO駐日連絡事務所長のンブリ・チャールズ・ボリコ氏に聞いてみたところ、「最も重要で差し迫った問題は、必ずしも地元で生産することではない」と、次のエピソードを紹介してくれた。

湾岸地域のある国は、土地のほとんどが砂漠であるにもかかわらず、自分たちで小麦を生産し、自給自足をしたいと主張し、実際、そうしたそうだ。しかし、小麦を多く生産して自給しようと努力した結果、わずか数年で、その国の水資源の40％を使い果たしてしまった。枯渇した水は戻ってくることはなく、将来の世代のニーズを損なうことになり、持続可能ではなかったという。

ボリコさんは、「自給自足の観点だけでなく、システム全体をとらえる観点から、食について考えるべきです。食料は常にシステムとして機能します」と語り、「重要なのは、持続可能性と世界の食料システムの効率です」「自給率が高くても、レジリエンスや持続可能性が損なわれている場合もあります。何が我が国によって最善なのか、国際社会にとって何が最善なのかを見極めるべき」という。

またボリコさんは「日本は、世界から見ても、本当の食料危機を知らない」と語った。「私の印象では、日本人は、食べ物を当たり前のように受け取っているだけなのではないでしょうか」と。いつでも手に入る。品質は常に良い。すべてが安定している。飢えている人もいるが、多くの人が食料を確保できることを当たり前と思っている。確かに、日本の食料輸入量は増えているが、世界的に見れば28％の国が日本と同じような状況にある。一方でボリコさんは、「日本は、安全な食品を生産するために、他の国を助けている」「日本は世界の繁栄に貢献している」という。

ボリコさんは、食料安全保障の定義の第一の要素である「利用可能性」を強調した。「利用可能性」は、「住んでいるところに量も質も十分な食べ物がある」ということ。その食料は、生産地から来る場合もあれば、輸入したり食料援助として来ることもある。

『日本は世界5位の農業大国　大嘘だらけの食料自給率』（２０１０年2月、講談社＋α新書）

の著者、浅川芳裕氏は、日本と真逆の判断をした英国政府の政策を紹介している。英国政府は自給率政策の誤りを唱えており、「先進国の自給率向上政策は、途上国の輸出収入を阻害することにつながり、本来の意味の食料安保に悪影響を及ぼす」としている。

3　消費者啓発

２０２０年のコロナ禍では「買い占め（Hoarding：ホーディング）」が世界各国で発生した。日本では、マスクやトイレットペーパーをはじめ、食料品や飲料水などを必要以上に買い占めることで、一時期、商品棚から商品が消えるものもあった。

１９８２年、国際消費者機構（Consumers International）[52]は「消費者の８つの権利と５つの責任」を提言した。五つの責任とは「批判的な意識を持つ責任」「自己主張し行動する責任」「社会的関心への責任」「環境への配慮責任」「連帯する責任」である（開隆堂出版『技術・家庭　家庭分野』より）。これは、中学校の家庭科で履修する内容である。「買う」という行為一つとっても、それが他人にどういう影響を与えるか、とりわけ社会的弱者にどう影響するのかを考えることが「消費者としての責任」である。

ところがコロナ禍では、自分が欲しいだけ買い占める消費者が続出し、高齢者や医療従事者が買えない事態が起こった。オーストラリアのスーパーや日本のコープこうべは、高齢者の方や妊産婦などが限定で買い物できる時間を設定した。また、生協など、配達してくれる小売に注文が殺到した。

本来なら、買い物がしづらい人のために、その機会を明け渡してあげることこそ、消費者としての責任を果たすやり方のはずだった。

そうは言っても、他人より自分や家族を優先するのが多くの人の考え方だろう。「スーパーはみんなで使う冷蔵庫」と考えてみたらどうだろう。筆者は、小中高生に説明するとき「地球を一つの家と考えてみたら」という仮説を提示することがある。

もし家だったら、食事は家族の分だけ作るし、食べ物のごみを放置したりしない。食べ物は、一人で独占せず、家族で分け合うだろう。それが、今、地球上の「家」では、家族の人数分以上に食事を作り、食べ物のごみを膨大に発生させ、燃やしたり庭に埋めたりしている。家族の誰かが食べ物を独占し、家族の中に食べ物を食べられない人がいる。飢餓や食品ロス問題は、世界のどこかで起きている、解決不可能な他人ごとになりがちだが、地球を一つの家だと考え、住んでいる人全員を家族にたとえると、世界がコンパクトに見えて自分ごとになる。目の前の海は、地球上のすべての海とつながっている。目の前のことは、地球のすべてのことにつながっているのだ。

4　昆虫食

環境科学者で米ミネソタ大学環境研究所長のジョナサン・フォーリー氏は、前述の通り「食生活を見直す」ことを方策の一つとして挙げている。畜産業の効率化をはかり、肉の消費を抑えること。特に途上国では今後、肉の消費量が増加していくので、先進国など、すでに肉を大量に消費している国が率先して食生活を変えることを提言している。このことは、この節で述べる昆虫食や、培養肉などにもつながる。

国連が、2015年9月のサミットで「貴重なタンパク源」として推奨した昆虫食。欧州食品安全機関（EFSA）は、アレルギー、寄生虫、ウイルスなどのデメリットや懸念点も指摘している[53]が、10億ドルの市場が生まれる可能性がある、有望なビジネス分野だ。2020年初め、FAOや、コーデックス委員会（FAOとWHOが共同で運営している委員会）は食用昆虫の専門家会議を開く予定だったが、COVID－19の影響で計画を変えた。昆虫食について、FAOのボリコさんに聞いたところ、個人的な体験を話してくれた。

ボリコさんが育ったのは、熱帯雨林の真ん中にある、人口2万3000〜4000人の町だった。宣教師や外国人が多く、4種類の言語が話されていた。住んでいるところにキノコやパパイヤ、オレンジ、グアバ、野菜や野生の食べ物が育っており、買う必要はなく、飢えた人はいなかった。昆虫も、熱帯雨林の恵みの一部だった。その季節が来たら、藪の中に入って好きなのを選んで食べる。大きな葉っぱに包んで火の近くに置いておくのが伝統的な調理法。乾燥させてもおいしいし、スープやソテー、揚げてもおいしい。ヤシの実のソースを使うのが一番人気だった。

あるとき、ボリコさんのいとこの女性の体調がおかしくなった。肌が青白く、足やお腹や手が腫《は》れ、髪の毛が抜けていた。医者は「栄養失調だ」と言い、両親に「朝昼晩、芋虫の粉をおかゆにいれて与えなさい」と勧めた。彼女は1週間から10日しないうちに完全に回復した。

2013年にFAOが発表した食用昆虫の報告書は、食用昆虫を日常的に食べている人が世界に20億人おり、持続可能で手頃な価格、栄養価の高い食用昆虫を普及させることが、環境の危機やタンパク質摂取増加などによる問題を解決するのに役立つとしている。ボリコさんは昆虫の栄養価が魚と同程度で、肉のタンパク質よりも優れていること、飼料変換効率がよいこと、従来の家畜に比べて環境負荷が少ない（温室効果ガスやアンモニアの排出を軽減できる）点を強調した。たとえばコオロギを繁殖させるには、同じタンパク質量を得ようとした場合、牛に比べて、飼料は6分の1で済み、羊の4分の1、豚やニワトリの2分の1の飼料で済む。

広大な土地も要らず、1〜2メートル四方あればいい。有機廃棄物をエサにして育てれば良質なタンパク質を得ることができる。ボリコさんいわく「非常に有望なビジネス分野」だ。

FAOアジア太平洋地域事務所は、タイのパートナー機関と協力し、小規模農家向けに、コオロギの飼育に関する手引書を発行している。ウガンダでも食用昆虫に関する評価を実施しており、ボリコさんは、昆虫がもたらす社会経済的な利益や貧困層への影響をもっと伝えるべきで、明確で包括的な法的枠組みがないことが課題だと述べた。

5　省資源化の取り組み、培養肉の開発

省資源化は食品ロス削減よりも、川上にさかのぼって行う「無駄削減の取り組み」だとい

えよう。
たとえば、病気になってから治療するより、病気にならないために日頃から節制すること、クレームが出てから対処するのではなく、商品開発の段階から、クレームを出さないような商品設計をすることと同様である。食品を作る時点で、今までより資源を使わない努力をする。食品産業はそもそも水資源や飼料、土地など、莫大な資源を費やし、環境に負荷をかけ、気候変動に影響を及ぼしている。そこで生じる無駄を削減することは、食品ロス削減と同様に、あるいはそれ以上に重要な取り組みである。

前述の昆虫食を国連が「貴重なタンパク源」として推奨しているのも、昆虫を育てることは、牛肉などと比べて明らかに資源を使わないで済むからである。

イギリスのシンクタンク、チャタムハウス社によれば、壊滅的な地球温暖化を防ぐためには肉の消費を抑える必要がある。気候変動に対して何も手を打たなければ、産業化以前の水準と比べて21世紀末までに平均気温が最大で7度上昇するとしている[54]。

ハンバーガー1個を作るのに使われている水の量は２４００リットルから３０００リットルに及ぶ。パンやレタス、トマト、牛肉が製造される過程で、それだけ水資源を使うということだ。一般家庭の浴槽の容量が約２００リットルなので、ハンバーガー1個を作るためにお風呂15杯分の水が使われている計算になる。

食料を輸入している国が、その食料を自国で作るとどれくらい水を消費するかを計算したものを「バーチャルウォーター（仮想水）」と呼ぶ。2005年に日本が海外から輸入したバーチャルウォーターは800億立方メートルにも及んだ。[21]

世界人口が2050年に100億人近くまで増えることを踏まえ、現在、培養肉の研究が進んでいる。培養肉は「クリーンミート」とも呼ばれる。動物の細胞を培養して製造する培養肉は、牛を育てるのと違って莫大な水資源を費やす必要はない。環境負荷を低減し、衛生的に製造することが可能となる。さらに、動物を屠殺《とさつ》する必要がないことも注目されている。植物由来の肉を製造する Impossible Foods 社は、培養肉を使ったハンバーガー Impossible Burger を販売している。

著書“Meathooked”を書いたサイエンス・ジャーナリストのマルタ・ザラスカは、肉の消費量を大幅に減らすための三つの方策を提案している（邦訳本『人類はなぜ肉食をやめられないのか』[54]）。一つ目が肉を無駄にする量（捨てる量）を減らすこと。二つ目が肉税を課すこと。三つ目が「減量主義（リデュースタリアニズム）」を推進し、報酬を与えること。デンマークでは、肉に含まれる飽和脂肪酸1ポンド（454グラム）につき0・77ユーロを課す「脂肪税」を施行したが、家畜業界の反発により、短期間で廃止されたそうだ。

6　食のシェア

フードバンク――捨てられる食べ物を引き取り、必要な人へ

環境配慮の原則「3R」の2番目に来るのが「Reuse（リユース・再利用）」だ。スウェーデンで始まった、期限接近商品をアプリで安価に販売する「Karma（カルマ）」のスタルバーグ・ノルドグレンさんは「そもそも食品ロスになるのを防げば、その方が（安売りの）10倍、価値があると考えています」と語っている。つまり、「Reduce（リデュース・廃棄物の発生抑制）」が最優先ということだ。日本は安全性の担保や品質管理に厳しく、Reuseしづらいので、なおさらReduceが重要になる。

食のシェアには、大きく分けて、寄付するものと、安価に販売するものとがある。

寄付の代表的な一つが「フードバンク」である。

「フードバンク」は、まだ十分に食べられるにもかかわらず、賞味期限接近など、様々な理

由で捨てられようとしている食品を引き取り、食品を必要とする人や組織へとつなぐ活動、もしくはその活動を行う組織を指す。1967年、米国で始まり、今では日本を含む世界40カ国以上で活動が行われている。

発祥国である米国では、企業が寄付した場合に税制優遇などの措置がある。また、万が一、食品事故が発生したとしても、善意で行った寄付であれば責任を問わない免責制度「善きサマリア人《びと》の法」もある。米国以外の国でも同様の免責制度があるため、事業者が寄付をしやすい土台がある（日本に免責制度はない）。

日本では、2000年にセカンドハーベスト・ジャパン（東京都台東区、2002年に法人化）が活動を始め、2020年現在では北海道から沖縄まで120を超える団体が活動している。その多くはNPOであり、中には民間企業や社会福祉協議会、自治体が実施しているものもある。

筆者が勤めていた食品メーカーのアメリカ本社は、数十年前からフードバンクに寄付をしており、2008年に「日本でもやったらどうか」と勧めてきた。そこで日本支社もすぐに商品の寄付を始めた。だが当時、多くの日本企業では、検討はするものの、「転売されないのか」「賞味期限内にきちんと使ってもらえるのか」などの懸念があり、石橋を叩いて渡らない傾向があった。

その後、日本でも、農林水産省がフードバンクを後押しする取り組みを始めたため、企業の参加も徐々に増えてきた。日本の大企業の多くは、NPOの言うことより、お上（国）が言うことの方に耳を傾け、従うという傾向の現れかもしれない。

フードドライブ――家庭で余った食べ物を必要な人に渡す

フードバンクよりも汎用性が高いのが「フードドライブ」である。家庭で余っている食品を持ち寄り、集めて、必要な人へと渡すことを指す。大学祭やイベント会場などで行われる、1年に1回だけのフードドライブもあるし、自治体が庁舎に設置している「いつでも持参可能」のフードドライブもある。

筆者は埼玉県川口市で、市会議員や商店街、パン屋らと「食品ロス削減検討チーム川口」を主催している。2カ月に1回定例会を開催し、年に1～2回、市民から余剰食品を集めるフードドライブを実施している。集まる食品は様々だ。素麺《そうめん》や乾燥うどん、パスタなどの乾麺が多いが、賞味期限が3年間と長い缶詰や、冠婚葬祭やお土産で受け取るようなお茶の類も目立つ。集まった食品は、市内のNPOや学習支援施設、母子支援施設などに寄付している。

コレクティブ・インパクト（ＣＩ：Collective Impact）とは、企業や自治体、ＮＰＯ、アカデミアなど、異なる組織が同じ問題意識を持ち、社会課題の解決にあたるやり方を指す。米国ではＣＩの事例をシェアするシンポジウムも開催されている。食品ロスや貧困といった社会課題は、一つの組織だけで解決するのは困難だ。様々な強みを持つステークホルダーが集まるスキームは理想的である。[55]

筆者らが活動を継続することで、学習支援施設には市から子どもたち向けの食事に関する予算が充当され、活動5年目の２０１９年12月には川口市がフードドライブを主催するまでになった。

米国には、郵便配達員の組合、ＮＡＬＣ（National Association of Letter Carriers）が行う「Stamp Out Hunger（貧困撲滅）」という名の、いわば国ぐるみのフードドライブがある。毎年5月の第２土曜日に行われる。郵便局なので「Stamp（スタンプ：切手）」と「Stamp Out（スタンプアウト：撲滅）」が掛け言葉になっている。

家庭の消費者が玄関先に、指定の袋に余剰食品を入れて吊り下げておくと、郵便配達員が戸別に配達するついでに、それらを回収する。集まった食品は、困窮家庭の子どもたちに提供されるなど、必要な人や組織で活用される。米国では夏休みが6月から始まる場合もあり、夏休みに入ると学校給食しか食べていない子は食べるものがなくなってしまう。そこで、フードドライブで集まった食品を提供するというわけだ。1993年から27年間にわたって継続してきたこの取り組みは、2020年、新型コロナウイルス感染症の影響で実施することができなかったが、第28回目のStamp Out Hungerは「安全になったら実施する」としている。[56]

米国での他の例を紹介すると、カーブスというフィットネスクラブがフードドライブを行っている。スーパーの出入り口に箱を設置して行われる場合もある。これは米国だけでなく、ヨーロッパでも見られるし、日本でも一部のスーパーが実施している。

フードバンクを行うには、倉庫や車両、オフィスや人員など、それ専用のインフラを整える必要がある。さらに資金や設備、スタッフが必要だ。一方、フードドライブは、フードバンク自身が行う場合もあるが、自治体の場合は既存の設備や職員がいる。ほとんどの場合、期限を決めて行うし、わざわざコストをかけて大掛かりなことをしなくてもよい。

ボランティア以外のビジネスの例を挙げると、スマートフォンのアプリを通して、余剰食品を安価に販売する事業が、世界各国で始まっている。代表的なものは、前述（162ページ）、デンマーク発祥のToo Good To Goだ。賞味期限接近やラベルの情報が古くなったなど、企業で何らかの理由で流通にのせることができない商品をToo Good To Goが引き取り、安価で販売する。今では欧州14カ国以上に広がり、２０２０年には米国のニューヨークとボストンにも開店した。

おてらおやつクラブ——お供え物をおすそわけ

海外の例をいくつか挙げたが、おすそわけ文化がある日本でも、フードドライブが全国の多くの拠点に広がれば、と願う。そこで、日本で行われている、ユニークな「おすそわけ」の例を一つ紹介したい。

「おてらおやつクラブ」という、「おてらのおそなえものを仏さまのおさがりとしておすそわけ」する活動がある。お寺のお供え物も、放っておけば、傷んでしまう。その前に、食べ物を必要とする人へおすそわけしようという運動である。

奈良県・安養寺《あんようじ》の松島靖朗《せいろう》さんは、２０１３年に大阪で起きた、母子餓死事件に心を痛めていた。３歳の子どもと28歳の母親が、アパートで餓死していた。母親が書き残した言葉「お腹いっぱい食べさせてあげられなくてごめんね」。この言葉に衝撃を受けた松島さんは、お寺に「ある」ものと、社会に「ない」ものをつなげることで、何か役に立てるのでは、と

図表4-2 おてらおやつクラブの仕組み

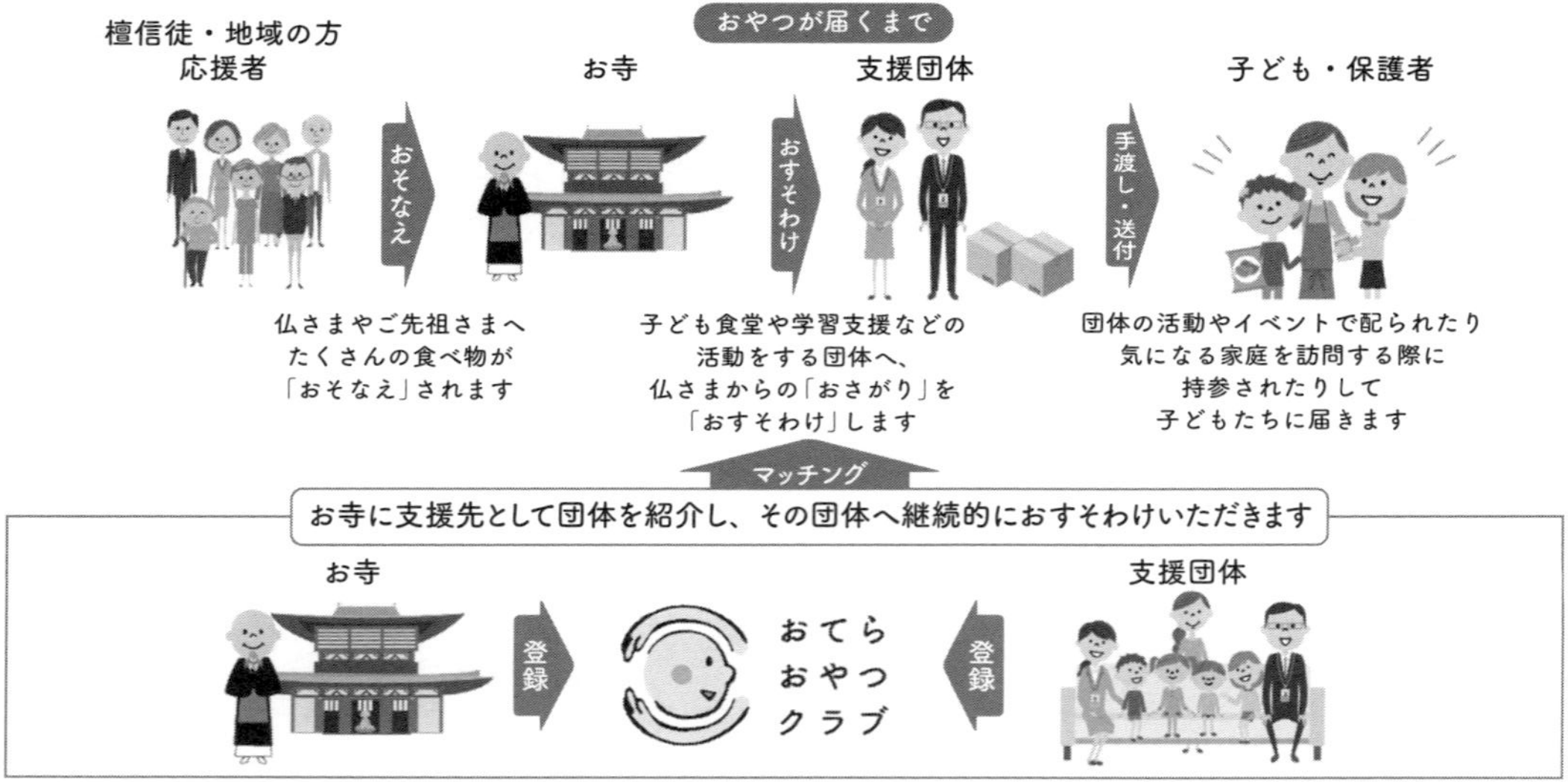
おやつが届くまで
檀信徒・地域の方
応援者
おそなえ
お寺
おすそわけ
支援団体
手渡し・送付
子ども・保護者
仏さまやご先祖さまへ
たくさんの食べ物が
「おそなえ」されます
子ども食堂や学習支援などの
活動をする団体へ、
仏さまからの「おさがり」を
「おすそわけ」します
団体の活動やイベントで配られたり
気になる家庭を訪問する際に
持参されたりして
子どもたちに届きます
マッチング
お寺に支援先として団体を紹介し、その団体へ継続的におすそわけいただきます
お寺
登録
おてら
おやつ
クラブ
登録
支援団体

※1つの団体におすそわけペースの異なる複数のお寺をマッチング。安定しておすそわけを受け取れるように、マッチングを随時見直します。
(画像提供:特定非営利活動法人おてらおやつクラブ、一部改変)

考え、2014年、おてらおやつクラブが始まった。

今では「おてらおやつクラブ」は、全国47都道府県に広がり、参加するお寺は1535、参加団体は478、おやつを受け取った子どもの月間のべ人数は2万2000人になった（2020年11月現在）。筆者も、全国の講演でこの活動について話していたところ、松島さんに知られるところとなり、ボランティアでおてらおやつクラブの監事を務めている。

さらに、おてらおやつクラブは2018年度グッドデザイン大賞（内閣総理大臣賞）を受賞した。評価されたのは、お寺に「ある」ものと社会に「ない」ものを無理なくつなげた取り組みである。

全国にお寺は7万7000ある（『宗教年鑑』による）。前述の受賞時の評価コメントとして「既存の組織・人・もの・習慣をつなぎ直すだけで機能する仕組みの美しさが高く評価された」とあった。あるものを、ないところへつなぐ活動が、これからも末長く続いていくことを祈っている。

カフェ・ソスペーゾ——次の客の分まで払う

イタリアではエスプレッソを飲む人が多い。筆者が10日間取材で滞在した際も、どんなに時間がなくても立ち飲みでエスプレッソを飲む姿を目にした。レストランに1時間半滞在した後、テーブルにエスプレッソが運ばれてこなかったため、会計時にレジ前に立って飲む人もいたくらいだ。

それほど市民の生活に定着しているエスプレッソだが、お金がなくて飲めない人もいる。そこで、自分の分に加えて「次に来る誰かの分」まで払ってあげる。それが「カフェ・ソスペーゾ」（Suspended Coffee：保留コーヒー）だ。

しかし、2020年のコロナ禍でカフェが閉まってしまい、「カフェ・ソスペーゾ」ができなくなってしまった。代わりにイタリアで生まれたのが、日常食であるパン（パーネ）が買えない誰かのために、余分にパンを買って、パン屋やスーパーに預けておく「パーネ・ソスペーゾ」である。

2015年にイタリア・ミラノで開催された食の万博、通称「ミラノ博」では、世界的に著名なシェフ、オステリア・フランチェスカーナのマッシモ・ボットゥーラ氏が、万博で生じた余剰食品を生かし、困窮者向けのレフェットリオ（refettorio：食堂）を開き、注目を浴びた。[57] ボットゥーラ氏は、2020年9月29日、国連が制定した「食料ロスと廃棄に関する啓発の国際デー（IDAFLW：International Day of Awareness of Food Loss and Waste）」で、世界の食品ロスを減らすための親善大使に任命された。

なぜイタリアでは、このような助け合いの精神に基づく活動が生まれるのだろう。日本在住のイタリア人に尋ねたところ「キリスト教の精神があるからでは」とのことだった。ただ、国民のほとんどがキリスト教徒の国は他にもあるので、理由はそれだけではないのではないかと思われる。

再利用できるのは食料だけではない。医療法の改正により、2016年より、飲み残した薬を再利用しやすくなっていることを薬剤師の笠原友子《かさはらともこ》さんに教えていただいた。2018年の日本薬剤師会学術大会で発表した内容によれば、薬剤師が飲み残し薬を整理し、処方日数の変更を医師に申し出ることで、薬が再利用できる。笠原さんの薬局では再利用した薬だけで2年間でおよそ100万円になったという。廃棄される薬はもっと多く、廃棄薬のうち、7～9割、中では10割が国民が納めたお金で賄われており、最高廃棄額は、1人300万円を超えたとのことである。

7

生ごみの資源化(リサイクル)

生ごみで走るバス

生ごみの資源化と食料確保に何の関係が?と思う人もいるだろう。日本では、生ごみを焼却処分することが多い。重量比で水分が80%を占める生ごみは燃えにくく、エネルギーを余分に消費する。世界のいくつかの国のように、生ごみを埋め立て処分すると、二酸化炭素の25倍以上の温室効果を持つメタンガスを発生する。環境に負荷をかけることは、食べ物の源である農畜水産物が育ちにくい環境になることを意味する。

2020年3月に環境省が発表した「一般廃棄物の排出及び処理状況等について(平成30年度)」によれば、日本のごみ総排出量は4272万トン(東京ドーム115杯分)。一人1日あたりのごみ排出量は1キロ近い(918グラム)。年間のごみ処理事業経費は2兆910億円。日本フードエコロジーセンターの高橋巧一社長は、このうち、40~50%が食品関連ではないかと語る。前述の通り、食品ごみは、その重量の8割が水分で、重く燃えにくいから

スウェーデン・マルメ市の街を100％グリーンエネルギーで走るバス
（筆者撮影）

だ。

欧州を取材した際、食品ごみや、剪定《せんてい》した枝、落ち葉などは「organic（オーガニック）」と称し、分別して回収している事例を多く目にした。イタリアやデンマーク、スウェーデンなどだ。これらはごみとして焼却処分されるのではなく、資源として活用される。

たとえばスウェーデンの、マルメ市は、2020年までに、市営の組織やごみ収集車、市バスなど公共交通機関が使うエネルギーを100％再生可能エネルギーに換えることを目標に据えた。2020年7月現在、マルメ市の担当者によれば「2020年12月末時点で98％達成見込み」とのこと（株式会社ワンプラネット・カフェによる）。第二章に登場したワンプラネット・カフェのペ

ショッピングモールから出た食品ごみをバイオエネルギーに変換する（提供：The Waste Transformers提供）

オ・エクベリさんは、マルメ市内を走る緑色のバスを指して「これはバナナの皮やコーヒーのかすで走っているんですよ。グリーン電力100％」と説明してくれた。

オランダのThe Waste Transformers（ウェイスト・トランスフォーマー）は、ショッピングモールのレストランなどから出される食品ごみを、バイオマスのエネルギーに変換し、活用する仕組みを構築している。オランダ国内だけでなく、アフリカでもこの仕組みを立ち上げた。2019年、オランダで取材した、ザ・ウェイストトランスフォーマーズのマーケティング・プロダクトマネージャーのコーエンさんによれば、すべてオンライン上で操作できるので、2020年のコロナ禍でも、特に問題なく運用し続けているそうだ。

これらの事例を目にして思い起こしたのが、米国でさとうきびやトウモロコシをバイオ燃料にすることが増えたため、食用の穀物の価格が数倍に上昇したことである。主食である穀物を、食用として使わず、直接バイオ燃料に加工してしまうことは、経済的困窮者の食料を奪うことにもつながる。バイオ燃料に加工すべきは、可食部ではなく、不可食部ではないか。

ごみから生成される新素材「グラフェン」

食品廃棄物を資源として活用する事例は他にもある。米国ライス大学の研究者らは、食品廃棄物やプラスチックごみを活用し、安価に「グラフェン（graphene）」というシート状の素材を生成する方法[58]を、著名な科学誌〝Nature（ネイチャー）〟に発表した。グラフェンとは、炭素原子が蜂の巣状に六角形に結びついている原子1個分の厚さのシートのこと。ダイヤモンド並みの強度を持ちながら、柔軟に折り曲げることができ、熱を伝える速さも世界一と言われ、化学耐性や耐熱性の高さから、シリコンや貴金属の代替品として注目されている。日本でも、雑貨店のLoft（ロフト）で、グラフェン製のアイマスクが販売されている。

米国の企業Ambrosia[59]は、ニューヨークの廃棄物処理業者から回収した食品廃棄物をもとに製造する家庭用の洗剤「veles」を開発した。食品ごみを単に「ごみ」として処分するのではなく、資源化する事例が世界で増えている。

韓国では食品廃棄物のうち95％をリサイクルしている。マンションなどでは重量計つきのごみ箱が設置され、住民はごみ重量に応じて処理費用が課金される「従量制」だ。生ごみは生分解性プラスチック袋に入れて処分し、回収されたらバイオガスやバイオオイルにする。生分解性プラスチック袋の使用により、各家庭に月６ドルの負担がかかるが、ソウル市は、この収入で廃棄物処理コストの60％を賄っている。[60]

イタリアでも住民にごみ従量制を導入している自治体があり、イタリアは「Zero waste（ゼロウェイスト：ごみゼロ）」宣言した自治体が３００を超えている（２０２０年10月現在）。

生ごみ処理機を使ってみる

筆者は２０１７年、埼玉県川口市の廃棄物対策委員に任命され、同年７月に川口市クリーン推進員８００名に講演する機会を得た。それを機に、自分でごみを減らす努力をしなくては、と思い、助成金制度を利用して、家庭用生ごみ処理機を半額で購入し（残りの半額は市の助成金で補塡《ほてん》）、生ごみ処理機にかける前後で重量を測定したところ、２０１７年６月～２０２０年10月までの合計７９４回で、減らすことのできたごみ量は１９３キロ以上、平均で

家庭用生ごみ処理機の一例。熱風で処理して乾燥させる（筆者撮影）

63％のごみ重量が削減できた計算になった。

生ごみ処理機のメリットは、ごみが減ることに加え、家庭で出す食品ロスを減らそうとする意識が向上することも挙げられる。食べ残しや、冷蔵庫でだめにしてしまった野菜などは、すべてこの家庭用生ごみ処理機にかけることになる。無駄にした食品を目《ま》の当たりにすると、罪悪感が芽ばえる。ささやかな罪悪感が心に積もると、やがて「次からは無駄にしないようにしよう」と意識するようになる。一方、電力を使うので、直接コンポスト（堆肥）にできる環境であれば、家庭用ごみ処理機を使わなくてもいいだろう。

生ごみを資源化している自治体は日本にもある。ごみ・環境ビジョン21が発行する「ｎｅｗごみっと・ＳＵＮ」Ｖｏｌ．４（２０１７年11月23日発行）[61]によれば、２０１７年時点で47自治体が家庭の生ごみを分別収集し、資源化している。自治体の４割が北海道、４分の３が人口５万人未満の小規模自治体だ。筆者が講演で２０２

ベジブロスやコンポスト（筆者撮影）

0年11月に訪れた福井県池田町では生ごみを回収し、牛ふんと混合して堆肥を作っていた。「地方じゃないとできない」という声も聞くが、必ずしもそうとは言えない。東京都三鷹市「鴨《かも》志《し》田《だ》農園」の6代目でコンポストアドバイザーの鴨志田純さんは、国土の狭い先進国の中には、ドイツやベルギー、オランダ、韓国のように（2015年、OECD環境統計）、日本よりもごみの焼却比率がはるかに低く、日本よりもリサイクル・堆肥化率が高い国が少なくないという[62]。

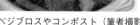

　食品ロスの解決法は「コンポストファースト」ではない。まず「捨てる食べ物を減らすこと」だ。前述の書籍“The Fate of Food”の中で、WWF（World Wildlife Fund）で食品ロス調査を担当しているピート・ピアソンはこう言っている。「強調しておきたいのは、企業でも家庭でも行政でも、食品ロスを出さないことが最優先ということです。次に食料の救出、寄付、最後がコンポストです」。

　同じ本の中で、環境団体のNRDC（天然資源防衛協議会）サンフランシスコ事務所のダービー・フーヴァーは、米国デンバーとニューヨークの調査で、コンポストをしている人が、しない人よりずっと多い量の食品を定期的にコンポストにしていることがわかったと指摘している。「食品ごみをリサイクルするより、食品ロスを出さないことの方が、はるかに地球のためにいいのです」。

ごみでないものを「ごみ」にしてしまっているのは人間なのだ、と、欧州の「organic」を見ていると強く感じる。筆者も小さなことから始めようと、自宅で玉ねぎの皮や野菜の硬い部分をベジブロス（水を入れて煮出した洋風の野菜だし）にし、その絞りかすを堆肥にしている。ホームオフィスで使う電力については実質100％自然エネルギーの「ハチドリ電力」に切り替えた。切り替え作業はオンラインで数分で済み、工事も立ち合いも不要なので、とても楽だった。電気代の1％は、社会貢献活動をしている団体に寄付し、他の1％を自然エネルギー基金に寄付することができる。電気を使えば使うほど自然エネルギーの発電所が増えていく仕組みだ。自然エネルギーの活用を増やし、食品ごみは資源として活用できればと願っている。

8 食への危機感も敬意も足りない日本人

本章の最後に、日本人の食に対する意識について、多少厳しい表現で批判したい。本来、日本人は「もったいない」精神をもっていたはずだが、いまの日本人には食に対する敬意も、危機意識も、最低限の知識もないと言わざるを得ない。改めてコンビニと賞味期限について取り上げて、考えてみたい。

食料に対する危機意識のなさこそ食料危機

筆者は、単に食料の物理的な有無もさることながら、食料確保に対する人々の危機意識のなさこそ、真の日本の〝食料危機〟ではないかと感じている。食料自給率という数値がすべてを表すものではないが、カロリーベースで38％（2019年度、2020年8月5日農林水産省発表）。食料の重さと食料を運ぶ距離を掛け合わせたフード・マイレージ（トン・キロメートル）も、同じ距離でも飛行機と船とで違うため万能な指標ではないが、日本の数字は8000億トン・キロメートルを超えている（2016年）。フランスは1000億強、ドイツやイギリスは2000億以下、アメリカや韓国は3000億程度である（いずれも2001年）。

食に対する敬意の欠如

しかし、ないのは危機意識だけではない。食べ物に対する敬意もない。たとえば前述のコンビニ業界のうち、ある大手コンビニは、加盟店1カ月平均60万円、多い店舗では120万円分の食料品を捨てている。本部は、とにかく加盟店が発注してくれれば利益が出るので、過剰に発注させようと、あの手この手を使ってくる。本部と加盟店とが利益相反になっているのだ。本部は「見切り（値引き）するより廃棄した方が実入りが多い」、加盟店は「見切りしてでも売り切った方が利益が多い」。同じ企業名で経営しているのに、なぜ180度違うのかは後述する。

2020年9月2日、公正取引委員会は、本部が加盟店オーナーに対し、24時間営業や過剰な仕入れを強要している恐れがあると発表した。独占禁止法で禁じている「優越的地位の濫用」の可能性があるということで、大手コンビニ8社に対し、改善を求めている。過剰仕入れなどによりコンビニ1店舗あたり年間468万円分（中間値）もの食品を廃棄しているという結果となった。

２０１７年に初めてコンビニの食品ロスを取材した。加盟店オーナー11名の座談会を企画し、食品ロスについて現状を聞いたところ、食品の廃棄はもちろん、「人間らしい暮らしがしたい」「この何十年間、休んだ日はない」とあるオーナーがつぶやいた一言は忘れられない。なぜほとんどのコンビニにはスーパーやデパ地下のような割引販売がないのか。その背景には、本部は見切り販売するより捨てた方が取り分が多い「コンビニ会計」という特殊な会計システムがあるからだ。最大手コンビニは、見切り販売を加盟店に禁じたため、２００９年６月に公正取引委員会から排除措置命令を受けている。つまり、見切りを禁じてはいけないのだ。確かに取材をすれば、おもて向きは「禁じてなんていませんよ」と答えるが、同時に「コンビニとは、新鮮なものを、いつでもどこでも手に入れられる場所」「見切りすると、同じものに二つ以上の値段が存在することになり（一物二価）、お客様が混乱する」とも言う。今でこそ食品ロス削減推進法が施行されたため、おもて向きは「食品ロスを減らす努力をしています」と謳《うた》うが、本気で減らそうとしていない企業はすぐわかる。

義務教育での履修内容を覚えていない

ないのは危機意識や敬意だけではない。義務教育で履修したはずの食に関する知識もない。その一つが「賞味期限」。前述したが、おおむね5日以内の日持ちの食品に表示される「消費期限」とは違い、おいしさの目安だ。リスクを考慮し、1未満の安全係数が掛け算されているから、「おいしく食べられる期間」ですら2割以上短めになっていることが多い。この、短めに設定された賞味期限を鵜呑みにする人が多いのも日本の特徴だ。リスクを考慮し短めに設定された賞味期限の数字を、なんの疑問もなく受け入れる。

賞味期限とは「思考停止」ポイントだ。食中毒が怖いから、「念のために」捨てる。十分に飲食できる食料品を、企業も消費者も捨てている。捨てることが織り込み済み。消費者は食料品価格に間接的に織り込まれた廃棄コストを払わされているのに気づかない。それも企業にとっては好都合だ。おそらく「食料危機で食べ物がなくなるらしい」と聞いたら速攻でスーパーに買いに走るのだろう。2020年3月末、小池百合子都知事が記者会見で「ロックダウン（都市封鎖）」という語句を口にしたその夜、都内のスーパーの商品棚から食料品が消えたように。

消費者エゴ

食料確保に対する危機意識、生き物の命から生まれた食に対する敬意、死ぬまで一生必要とする食の知識……ないのはそれだけではない。神門善久《ごうどよしひさ》氏は著書『日本の食と農　危機の本質』（ＮＴＴ出版）[63]で次のように語っている。

「消費者が自分が果たすべき責務を放棄して、他者（とくに行政）に責任転嫁する状態を『消費者エゴ』と定義してよいだろう」

本来、八百屋や魚屋は単に物を売るだけの場所ではなかった。神門氏は「食材の産地や調理の仕方はもちろん、献立の相談にいたるまで、濃密な情報交換があった。消費者自身が、セルフサービスの気楽さ利便さを求めて、対面販売の八百屋や魚屋から去っていったのである」としている。

消費者が気楽さ、利便さを求めて、一箇所で一括して安価に買えるスーパーやコンビニへ走ったから八百屋や魚屋が消えた。欧州では「バイイング・フロム・アルチザン」といって、「職人からものを買え」という言葉がある。そうしないと、職人の専門店がなくなってしまう。実際、日本では職人のいる専門店が消失した。

消費者の本音は手軽さ第一で、他のことは二の次。とにかく便利でありさえすればよいという姿勢が、八百屋や魚屋など専門の小売店が街から消え、スーパー・コンビニなどの〝繁栄〟につながった。

目の前のことしか見ない

ＳＤＧｓの専門家は、日本はＳＤＧｓに関して周回遅れだと評する。島国だからか、他の国のことに興味がない。目先のことしか関心がなく、今さえよければいい。あるＳＤＧｓのシンポジウムで、あるメーカーは、欧州企業はたとえ価格が高くても認証紙を指定してくるが、日本の企業は「安ければいい」という傾向がある、と語った。航空チケットでも、欧州では飛行機搭乗で排出する温室効果ガス削減に投資する「カーボン・オフセット」のチケットが高くても売れるが、同じことを日本でやってもさっぱり売れないそうだ。

コロナ禍ではマスクの買い占めが起こった。朝早くから並び、過剰なほど買い占める。トイレットペーパーがなくなるという虚偽の噂を流布させ、人々を買いに走らせた男性もいた。

コロナ禍では複数の国でロックダウンが実施されたため、買い占め現象は、緊急事態宣言の出された日本だけでなく、世界各国で起こった。買い物に行きづらい医療従事者や高齢者の一部が買えなくなってしまうため、買い占め（Hoarding）をやめようと呼びかける「#StopHoarding」というハッシュタグも生まれた。情報に踊らされる市民は、「食料がなくなる」という情報を得ればパニックになり、買い占めに走ることが目に見えている。

第五章

私たちができる100のこと

ここまで、食料危機の歴史と現在、その要因と対策のいくつかを見てきた。では、食料危機の可能性をできる限りゼロに近づけ、地球上の誰もが量・質ともに十分な食べ物を入手できる社会にするために、一人ひとり、今日から何ができるだろうか。２０２０年現在、「リジェネラティブ（regenerative：再生的）」「リジェネレーション（regeneration：繰り返し生み出す）」が一つのキーワードになってきている。あくまでヒントに過ぎないが、「アクション１００」として例を挙げてみたい。

1 すぐ食べるなら店頭では手前に置いてある賞味期限・消費期限の近づいた値引き商品から買う

2 お腹がすいたままで買い物に行かない（空腹時にはそうでない時より64％無駄買い金額が増えるという米国の研究者のデータあり。１０００円で済む買い物が１６４０円になるイメージ）

3 買い物へ行く前に冷蔵庫や食品庫を見てから行く

4 簡単な買い物リストを作って買い物へ行く

5 「期間・数量限定」「１個３００円、２個買うと５００円」「もう１個買うとお得」はほどほどに

6　キャベツや白菜は丸ごと使いきる自信がなければ2分の1個や4分の1個、カット野菜などを活用
7　食べられないと思っていた部分（皮、葉、茎など）も無理のない程度に試しに食べてみる
8　バナナは茶色いシュガースポットがある方が甘みや香り、栄養価があるのでそちらを選ぶ
9　家の食品庫や冷蔵庫は消費期限・賞味期限が近づいている物を手前に、見えるように置く
10　卵の賞味期限は「夏に生で食べる」前提で2週間。過ぎても加熱調理して食べきる
11　最も廃棄の多い食品群の一つであるパンは、売切ごめんの店や完全予約制など、捨てない努力をしている店で買う
12　余りがちな調味料は固定観念を覆して（ナンプラーは味噌汁や冷奴、ナムルの素に使うなど）使いきる
13　量り売りの食品店や日用品店がある場合、そこで買う（容器を過剰に使わずに済む）
14　持参の容器に入れてくれる豆腐屋やパン屋、飲食店で買う（食品トレーを使わずに済む）
15　道の駅や農産物直売所など、生産者から直接買うことのできる場所で買う
16　環境配慮や食品ロス削減に熱心な企業や店の製品を選んで買う
17　目利きの人がいる個人商店で買う（お茶や海苔《のり》はお茶専門店、米は米穀店、豆腐は豆腐屋）

18 コーヒー豆やチョコレートはフェアトレードを選ぶ（児童労働や生産者搾取をしていない）
19 古くなったお茶は焙《ほう》じてほうじ茶に、時間の経った海苔はあぶり、湿気たシリアルは煎《い》る
20 できる範囲で、住んでいる近くで作られた食べ物を買う
21 「買い物は投票」。未来に残したいお店や食品を選んで買う
22 買い物は、お金を払ったら喜んでくれる、顔の見える関係性のお店で買う
23 ＭＳＣ認証（海の環境保全を守って獲った水産物）／ＡＳＣ認証（養殖版の水産物のエコラベル）の水産物を選んで買う
24 冷蔵庫や食品庫にある物で献立を考える（足りないものだけを買うようにする）
25 冷蔵庫は入れる量を全体の70％におさめる（どの棚も奥が見えるくらいにおさめる）
26 野菜は市販の野菜保存袋に入れたり、干したり、新聞紙をうまく使ったりすると日持ちが長くなる
27 賞味期限はおいしさの目安なので過ぎていてもすぐに捨てず、五感で判断して食べきる
28 ローリングストック法で、普段食べ慣れているものを使っては買い足す備蓄をする（非常袋に入れっぱなしにするのではなく、普段から食べ慣れている食品を、こまめに使っては、なくなった分だけ買い足していく方法。賞味期限が意識にのぼり無駄にしなくなる）

29　ペットボトルミネラルウォーターの賞味期限は内容量が担保できる期限だから過ぎても使う
30　残った料理は別のものに変身させたり、ちょっと多めに作って翌日のご飯にしたりする
31　玉ねぎの皮や野菜の硬い部分などは捨てずに冷凍庫などにためておいてベジブロス（洋風の野菜だし）にする
32　自治体の助成金を申請して家庭用生ごみ処理機を、割引で購入して使う（日本全国の自治体のうち、60％以上が、一般市民向けの家庭用生ごみ処理機助成金制度を導入）
33　はかるだけダイエットは体だけでなく食品にも使える。食品ごみを測る習慣でごみは減る
34　コーヒーかすやベジブロスの残りかす、生ごみ処理機の残りはコンポスト（堆肥）にする
35　牛肉はとっておきのときに食べる（牛肉を食べる回数を今より年1回以上少なくする）
36　食品トレーや牛乳パック、段ボールなどは居住地やスーパーなどのリサイクルに出す
37　外で飲み物を買う代わりにお気に入りの飲み物を入れたマイボトルを持ち歩く
38　マイバッグや、無理のない範囲でドギーバッグ・マイ箸・マイストローなどを持ち歩く
39　プラスチックのマイバッグを使う代わりに家にある風呂敷や頂き物のバッグを使う
40　ペットボトルを買う代わりに炭酸水メーカーを買って家で好みの炭酸の強さにする

41　野菜や果物のスムージーを作って、半端に余った野菜や果物や豆腐はその中に投入する
42　外食は、お金を払ったら喜んでくれる、顔のわかる関係性の店を選ぶ（なじみの店を作る）
43　規格外の肉や魚、野菜や果物などを捨てずに活用している飲食店や食品企業を選ぶ
44　外食は、最初に一気に注文して食べ残すのではなく、食べながら次を頼む
45　回転寿司は、コンベヤーに多くのせている店より、客が注文してから出す店を選ぶ
46　飲食店は、量を調整してくれたり持ち帰りさせてくれたり、無駄を減らす努力をしている店を選ぶ
47　少食の人は、外食で注文したとき、ご飯の量やおかずの盛り方を少なくしてもらう
48　コース料理は食べきれる量にし、立食パーティの場合は参加人数の7がけくらいの量にする
49　宴会では「30・10（さんまるいちまる）運動」を呼びかける
50　冠婚葬祭で頂いた食品で、使わないものはフードドライブで寄付して活用してもらう
51　余っている食品をフードバンクやおてらおやつクラブに寄付して活用してもらう
52　食品ロス削減のアプリ「TABETE」や「kuradashi」サイトなどで余剰食品を安価で買う
53　旅行では宿泊先に予め食事量を確認、要望を伝える／素泊まりにして好きな店で食べる

54 食べきれる量を出す宿泊先を選ぶ。少食の人向けには食事量を減らし、その分値段を安くしている宿を選ぶ
55 エコホテルなど、環境配慮の宿を選び、連泊する場合はシーツの替えは無しにする
56 医療関係従事者など使い捨てが必須ではない場合、マスクは洗って何度も使えるものを使う
57 お湯を沸かす時間がある場合は、電気ポットで保温しっぱなしにしない
58 お風呂の湯量は設定を少なめにし、ふたをしめて温度を保つ
59 お風呂の残り湯は衛生面に気をつけて洗濯や植物の水やり、掃除、打ち水などに活用する
60 シャワーは流しっぱなしにせず、こまめに止める
61 洗濯機で洗濯する量が少ない場合、まとめてやるようにする（手洗いなら入浴のついでに）
62 トイレの水を流すときは大小使い分け、使える残り水があるならタンクに入れて活用する
63 歯磨きやうがいをするときは水を流しっぱなしにせず、蛇口の水をとめる
64 日用品や食料品を買うとき、詰め替え用があれば、それを買う
65 歯磨きはマイクロプラスチック（ビーズ）を使っていないものやフッ素不使用のものに、もしくは重曹とココナッツオイルで手作りにチャレンジしてみる

66　食器洗い乾燥機があれば活用する（手洗いするより水が節約できる）
67　食器を洗うスポンジはプラスチックでない物にする（マイクロプラスチックを出さない）
68　米のとぎ汁は植物の水やりや、竹の子のゆで汁、掃除などに活用する
69　猛暑の夏の間はエアコンをいちいち切らずにつけっぱなしにする（つける時に最も電力を消費するため）
70　エアコンは自動清掃機能のものにするか、フィルターをこまめに掃除する
71　冷房の温度は28度に設定し、冷やし過ぎないようにし、エアコンの空気を扇風機で送る
72　暖房の温度は20度に設定し、暖め過ぎないようにし、足元や寝るときに湯たんぽを使う
73　自然エネルギーを提供してくれるハチドリ電力などの電力会社に切り替える（オンラインでの切り替え申し込み作業は数分）
74　白熱電球をＬＥＤに換える
75　電池は充電できるものを使う
76　冷蔵庫の温度設定を季節によって変える
77　蛍光灯を使う時間を少し減らす
78　掃除はお手頃価格で買うことのできる重曹を使うと、いろいろな場所に使えて便利

79 ホウキやはたき、雑巾などを使って掃除する

80 使い古した歯ブラシは網目状のものや細かいところを掃除するのに使う

81 公共交通機関が普及している地域に住んでいる場合、自家用車はなくてもＯＫ

82 カーシェアリングを利用する

83 時間的余裕がある場合、車より自転車、飛行機より電車やバスを選んでみる

84 衣料品はパタゴニアなど資源を有効活用する姿勢のブランドや店で選び、長く使う（パタゴニアの企業理念は「地球を救うためにビジネスを営む」。１９９３年からペットボトルをリサイクルしてポリエステルを製造し始め、現在、製品ラインの72％でリサイクル素材を採用。コットンの１００％が有機農法。使用済みのパタゴニア製品に付加価値をつけて蘇らせるアップサイクルや、気候変動を阻止するため、リジェネラティブ・オーガニック農法にも取り組んでいる）

85 着なくなった衣類は古物販売やリサイクルに出したり、雑巾にしたりして使い尽くす

86 名刺にＦＳＣ森林認証（森林管理の環境・社会・経済的影響を考慮した国際基準を満たしている）の紙やバナナペーパーや廃棄カーネーションや折り鶴再生紙を活用する

87 ＳＤＧｓバッジは金属製の代わりに間伐材で作ったものを使う

88　社会課題がテーマの映画を観る（2017年公開の『コンビニの秘密』や、ユナイテッドピープルが配給している映画『0円キッチン』、2020年8月公開の食品ロスのドキュメンタリー映画『もったいないキッチン』、2020年11月公開の『プラスチックの海』など）

89　アップサイクル（不要な物を捨てずに付加価値をつけて別の物に生まれ変わらせる）を活用する

90　骨董市や小道具店、中古の家具店や雑貨店でリーズナブルな値段の家具などを選ぶ

91　売れなくなった空き家をシェアハウスに改築して家賃収入を得る（筆者の実家、二階建ての一戸建ては空き家になったのでシェアハウスにし、一人暮らしの母の家賃収入に充《あ》てている）

92　新築の家は木造に（鉄筋コンクリートや鉄骨プレハブより二酸化炭素排出量が少ない）

93　気に入った器が欠けてしまったときは、金継ぎしてもらうか金継ぎキットを購入して金継ぎする。はげてしまった漆器は塗り直ししてもらう

94　太陽光で充電する、折りたたみ式や小型のモバイルバッテリーを使う（発電量は小さいが、マンションやアパート暮らしでも使え、災害時にも便利）

95　気候変動や環境配慮、食品ロスのことを書籍やセミナー、オンライン記事などで学ぶ

96　昆虫食や代替肉（クリーンミート）にチャレンジする

97　選挙では気候変動や地球環境を真摯に考えている候補者に1票を投じる

98　メモには裏紙を使い、不要な封筒は古紙をリサイクルに出すとき、まとめるのに使う

99　新品の本を買うのに並行して、古本を売買したり、図書館を活用したりする

100　庭やベランダに植物や野菜を植える

china-s-food-waste-campaign-is-really-about-garbage
52) Consumers International 公式サイト
https://www.consumersinternational.org/
53)『食の歴史　人類はこれまで何を食べてきたのか』ジャック・アタリ、林昌宏訳、2020年2月、プレジデント社
54)『人類はなぜ肉食をやめられないのか　250万年の愛と妄想のはてに』マルタ・ザラスカ、小野木明恵訳、2017年6月、インターシフト
55) https://ssir.org/articles/entry/collective_impact/
56) https://www.nalc.org/community-service/food-drive/
57)『世界一のレストラン　オステリア・フランチェスカーナ』池田匡克、2017年11月、河出書房新社
58) Graphene-info, Rice University
https://www.graphene-info.com/tags/rice-university/
59) Ambrosia 公式サイト　https://www.ambrosia.io/
60) 2020年3月1日付、Forbes JAPAN
61)「newごみっと・SUN」vol.4、2017年11月23日発行、小野寺勲「生ごみを分別収集・資源化している自治体」、ごみ環境ビジョン21
https://gomikan21.com/gomitto/sun4namagomijiti.pdf
62)「天然生活」2020年11月号、扶桑社
63)『日本の食と農　危機の本質』神門善久、2006年6月、NTT出版

参考文献・脚注は237ページから始まります。

月2日付、中国新聞
41）“China Launches ‘Clean Plate Campaign’ to Reduce Food Waste”, 2020.8.16,That's Tianjin, アクセス日：2020年9月5日 https://www.thatsmags.com/tianjin/post/31537/china-launch-clean-plate-campaign-to-reduce-food-waste
42）“China cracks down on waste with Clean Plates Campaign, raising questions of potential food crisis”, 2020.8.19,abc.net, アクセス日：2020年9月16日
https://www.abc.net.au/news/2020-08-19/china-fights-food-waste-with-clean-plates-campaign/12569054
43）“Canteens, restaurants move to reduce waste in ‘Clean Your Plate’ drive”, 2020.8.16, Global Times, アクセス日：2020年9月5日 https://www.globaltimes.cn/content/1197898.shtml
44）Across China: “AI program encourages young Chinese to clear plates”, 2020.8.24, Xinhua, アクセス日：2020年9月5日
http://www.xinhuanet.com/english/2020-08/24/c_139314027.htm
45）China News Service, 2020年8月21日
46）“Xi Declares War on Food Waste, and China Races to Tighten Its Belt”, 2020年8月21日付、The New York Times, アクセス日：2020年9月5日 https://www.nytimes.com/2020/08/21/world/asia/china-food-waste-xi.html
47）『満漢全席　中華料理小説』南條竹則、1998年2月、集英社文庫
48）「中国人が『食べ残し文化』を見直し、日本の食事に衝撃を受ける理由」王青、2020年8月25日、ダイヤモンド・オンライン、アクセス日：2020年9月16日　https://diamond.jp/articles/-/246753?page=2
49）2013年1月29日付、人民網日本語版
50）“China's tradition of hospitality may need reshaping if food waste is to end”2020年8月15日付、South China Morning Post, アクセス日：2020年8月15日
https://www.scmp.com/news/china/society/article/3097380/chinas-tradition-hospitality-may-need-reshaping-if-food-waste/
51）“China's Food-Waste Campaign Is Really About Garbage”, 2020年8月26日付、Bloomberg, アクセス日：2020年9月5日
https://www.bloomberg.com/opinion/articles/2020-08-26/

http://www.env.go.jp/press/107932.html
21）『賞味期限のウソ　食品ロスはなぜ生まれるのか』井出留美、2016年10月、幻冬舎新書
22）https://www.moppen-kyoto.com/
23）Too Good To Go 公式サイト　https://toogoodtogo.org/en
24）Les Gueules Cassées公式サイト https://lesgueulescassees.org/
25）Countdown 公式サイト https://www.countdown.co.nz/
26）The Odd Bunch　https://www.countdown.co.nz/helping-you-save/the-odd-bunch/
27）Fooditive Sweetener 公式サイト http://www.fooditive.nl/
28）https://www.thelocal.dk/20180918/danish-producer-saves-75-tonnes-of-ugly-tomatoes/
29）2017年5月11日付、朝日新聞
30）ドギーバッグ普及委員会 公式サイト
https://www.doggybag-japan.com/
31）2019年9月30日付、中日新聞「ニュースがわかるAtoZ」
32）「飲食の浪費抑制運動を展開へ　習氏『重要指示』、立法化も」2020年8月13日付、NNA ASIA アジア経済ニュース
33）“War against food waste heats up”, 2020,8,17, China Daily,アクセス日：2020年9月16日
https://www.chinadaily.com.cn/a/202008/17/WS5f39c582a310834817260a09.html
34）「習氏『食べ残し断固阻止』＝食料不足懸念か　中国」2020年8月15日刊、時事通信
35）「習氏『食べ残し禁止』、異例の指示　豪雨やバッタ　、食糧危機懸念」2020年8月19日付、産経新聞
36）「習氏、食べ残し禁止令　コロナ、米中対立　食料輸入に不安」2020年8月19日付、読売新聞
37）2020年8月24日付『日経ビジネス』「時事深層グローバルウォッチ」
38）「中国　習首席『食べ残し阻止』指示　コロナ、豪雨…食料不足　懸念か」2020年8月26日付、熊本日日新聞
39）「多思彩々＝『フードテック革命』どう対峙する」森永卓郎、2020年8月31日付、信濃毎日新聞
40）「習氏『食べ残し防止』指示　大食い動画もやり玉」2020年9

5）「数字で見る国連WFP」2019年
https://docs.jawfp2.org/wfpgo/2020/wfp_in_number_2019_ja.pdf
6）「事業系一般廃棄物ガイドブック」東京都世田谷区、2020年4月
https://www.city.setagaya.lg.jp/mokuji/kurashi/004/005/d00005059_d/fil/1.pdf
7）「容器・包装の工夫」キッコーマン株式会社
https://www.kikkoman.com/jp/csr/environment/activity/package.html
8）「商品・サービスにおける環境配慮」キユーピー株式会社
https://www.kewpie.com/sustainability/eco/product/
9）Apeel Sciences https://www.apeel.com/
10）Hazel Technologies, inc.　https://www.hazeltechnologies.com/
11）『世界を救うパンの缶詰』文：菅聖子、絵：やましたこうへい、2017年10月、ほるぷ出版
12）『小さなパン屋が社会を変える　世界にはばたくパンの缶詰』菅聖子、2018年11月、ウェッジ
13）各データを分析に活用している企業等の割合（n=3357）
『ビッグデータの流通量の推計及びビッグデータの活用実態に関する調査研究報告書』p15、2015年3月、株式会社情報通信総合研究所
https://www.soumu.go.jp/johotsusintokei/linkdata/h27_03_houkoku.pdf
14）経済産業省、2017年4月18日公表
https://www.meti.go.jp/press/2017/04/20170418005/20170418005.html
15）Leanpath, lnc.　https://www.leanpath.com/
16）https://blog.leanpath.com/ritz-carlton-pentagon-city-reduced-food-waste-54-percent/
17）https://orbisk.org/en/
18）ユニー「環境レポート2016」https://www.uny.co.jp/corporate/torikumi/eco/management/2016pdf/uny_21_22.pdf
19）「食品ロスダイアリー」NPO法人ごみじゃぱん食品ロス削減チーム、神戸市　https://gomi-jp-foodloss.com/
20）「一般廃棄物の排出及び処理状況等（平成30年度）について」環境省、2020年3月30日発表

第三章

1）『日本食生活史年表』西東秋男、1983年1月、楽游書房
2）「気候変動と飢饉の歴史　天明の飢饉と気候の関わり」三上岳彦、地理科学 vol.67, no.3, pp121-128, 2012
3）「藤木久志『日本中世災害史年表稿』を利用した気候変動と災害史料の関係の検討――「大飢饉」の時期を中心に」伊藤啓介、綜合地球環境研究所気候適応史プロジェクト成果報告書1、気候適応史プロジェクト、2016年3月
4）『近代日本食文化年表』小菅桂子、1997年8月、雄山閣
5）『外国人に自慢したいニッポンの食　食べもの文化史』永山久夫監修、2010年6月、優しい食卓
6）『日本FOOD記』古田ゆかり、服部幸應監修、2008年4月、ダイヤモンド社
7）「戦後食糧輸入の定着と食生活改善」白木沢旭児、農業史研究第36号、p10-20、2002年
https://www.jstage.jst.go.jp/article/joah/36/0/36_KJ00009050278/_pdf
8）『成長の限界 ローマ・クラブ「人類の危機」レポート』ドネラ・メドウズ他　大来佐武郎監訳、1972年5月、ダイヤモンド社
9）厚生労働省「国民生活基礎調査」（2018年）

第四章

1）『世界からバナナがなくなるまえに　食糧危機に立ち向かう科学者たち』ロブ・ダン、高橋洋訳、2017年7月、青土社
2）“Global Food Losses and Food Waste”「世界の食料ロスと食料廃棄　その規模、原因および具体策」FAO、JAICAF、2011年
http://www.fao.org/3/a-i2697o.pdf
3）“Food wastage footprint Impacts on natural resources”, FAO, 2013
http://www.fao.org/3/i3347e/i3347e.pdf
4）「食品ロス量（平成29年度推計値）の公表について」農林水産省、2020年4月14日
https://www.maff.go.jp/j/press/shokusan/kankyoi/200414.html

not-have-access-safe-drinking-water-unicef-who
42）2020年10月14日付、朝日新聞「折々のことば」1963、鷲田清一
43）2020年3月1日付、下野新聞
44）『これ、食べていいの？　ハンバーガーから森のなかまで——食をえらぶ力』マイケル・ポーラン、小梨直訳、2015年5月、河出書房新社
45）“The Fate of Food” Amanda Little,2019年6月,Harmony
46）『フードテック革命　世界700兆円の新産業「食」の進化と再定義』田中宏隆・岡田亜希子・瀬川明秀著、外村仁監修、2020年7月、日経BP
47）“We Shall Escape the Absurdity of Growing a Whole Chicken in Order To Eat the Breast or Wing,Quote Investigator” https://quoteinvestigator.com/2017/01/22/meat/#return-note-15275-1
48）東京大学 竹内昌治研究室ホームページ
http://www.hybrid.t.u-tokyo.ac.jp/research3/
49）『バッタを倒しにアフリカへ』前野ウルド浩太郎、2017年5月、光文社新書
50）2020年9月5日付、朝日新聞
51）2020年9月24日付、日本農業新聞
52）2020年3月22日付、日本農業新聞
53）農林水産省園芸作物課「花粉交配用みつばちを適切に管理しましょう！」2020年2月
https://www.maff.go.jp/kanto/seisan/engei/houkakonchu/attach/pdf/houkakonchu-1.pdf
54）『ミツバチおじさんの森づくり　日本ミツバチから学ぶ自然の仕組みと生き方』吉川浩、2019年11月、ライトワーカー
55）“The latest potential breast cancer breakthrough?” Honeybees, September 9, 2020, World Economic Forum
56）2020年9月14日付、山陽新聞
57）“Trade shows signs of rebound from COVID-19, recovery still uncertain”（2020年10月6日、WTO公式プレスリリース）
https://www.wto.org/english/news_e/pres20_e/pr862_e.htm
58）2020年6月19日付、埼玉新聞
59）“World Population Prospects 2019: Highlights” United Nations,2019年6月17日付

https://www.altroconsumo.it/alimentazione/fare-la-spesa/news/coronavirus-cambiano-consumi-e-spesa#
29) "Con il coronavirus più acquisti di cibo ma meno sprechi", 14 maggio, 2020, la Repubblica
https://www.repubblica.it/cronaca/2020/05/14/news/con_il_coronavirus_piu_acquisti_di_cibo_ma_meno_sprechi-256543575/?refresh_ce
30) 『カウントダウン　世界の水が消える時代へ』レスター・R・ブラウン、枝廣淳子訳、2020年8月、海象社
31) 『図解でわかる　14歳から知る気候変動』インフォビジュアル研究所、2020年7月、太田出版
32) 農研機構「2018年研究成果情報」
http://www.naro.affrc.go.jp/project/results/4th_laboratory/niaes/2018/niaes18_s04.html
33) 2020年10月3日付、日本農業新聞
34) 「バイオマス発電について」日本自然エネルギー株式会社
http://www.natural-e.co.jp/powerplant/about_biomass.html
35) 『二次エネルギーの動向「電力」』経済産業省 資源エネルギー庁、平成30年度エネルギーに関する年次報告（エネルギー白書2019）
https://www.enecho.meti.go.jp/about/whitepaper/2019html/2-1-4.html
36) "The State of Food and Agriculture", 2008, FAO
http://www.fao.org/3/i0100e/i0100e00.htm
37) 株式会社ユーグレナ、2020年3月6日
https://www.euglena.jp/news/20200306-2/
38) 「バイオマスの活用をめぐる状況」2020年8月、農林水産省 食料産業局
https://www.maff.go.jp/j/shokusan/biomass/attach/pdf/index-91.pdf
39) 『データでわかる2030年地球のすがた』夫馬賢治、2020年7月、日経プレミアシリーズ
40) 『人類はなぜ肉食をやめられないのか』マルタ・ザラスカ、小野木明恵訳、2017年6月、インターシフト
41) "1 in 3 people globally do not have access to safe drinking water—UNICEF, WHO", June 18, 2019, UNICEF
https://www.unicef.org/press-releases/1-3-people-globally-do-

1982年8月、岩波新書）
18）『貧困と飢饉』アマルティア・セン、黒崎卓・山崎幸治訳、2017年7月、岩波現代文庫
19）AFP BB News、2020年1月20日付
https://www.afpbb.com/articles/-/3264309
20）『世界がもし100億人になったなら』スティーブン・エモット、満園真木訳、2013年8月、マガジンハウス
21）「世界の食料ロスと食料廃棄」FAO、JAICAF（2011年）
22）"Consumers may be wasting more than twice as much food as commonly believed", Wageningen University and Research, 13 February, 2020
https://www.wur.nl/en/Research-Results/Research-Institutes/Economic-Research/show-wecr/Consumers-may-be-wasting-more-than-twice-as-much-food-as-commonly-believed.htm
23）"Food waste amounts may have been underestimated by half, new study says" Tebany Yune, Mic
https://www.mic.com/p/food-waste-amounts-may-have-been-underestimated-by-half-new-study-says-21815416
24）東京都環境局公式サイト
25）「食品ロスに関するアンケート調査結果について」ハウス食品グループ本社、2020年5月13日
https://housefoods-group.com/activity/foodloss/research_data.pdf
26）Key Findings Report: "Citizen responses to the COVID-19 Lockdown- Food purchasing, management and waste", May 2020, WRAP
https://wrap.org.uk/sites/files/wrap/Citizen_responses_to_the_Covid-19_lockdown_0.pdf
27）"Life in lockdown: Coronavirus prompts half of French consumers to reappraise 'value' of food", May 29, 2020, Kate Askew, Food navigator.com
https://www.foodnavigator.com/Article/2020/05/29/Life-in-lockdown-Coronavirus-prompts-half-of-French-consumers-to-reappraise-value-of-food/
28）"Coronavirus e alimentazione: meno spreco, più cucina e attenzione ai prezzi", 23 aprile ,2020, Il mondo Altroconsumo

2020年9月4日
https://www.nta.go.jp/publication/statistics/kokuzeicho/minkan/gaiyou/2018.htm#a-01
39）FAO、2017〜2018概算値／2019年
40）ハンガー・フリー・ワールドホームページ「世界の食料事情」
https://www.hungerfree.net/hunger/food_world/
41）『成長の限界 ローマ・クラブ「人類の危機」レポート』ドネラ・メドウズ他、 大来佐武郎監訳、1972年5月、ダイヤモンド社
42）『これがすべてを変える　資本主義vs.気候変動』（上・下）ナオミ・クライン、幾島幸子・荒井雅子訳、2017年8月、岩波書店
43）「悲観的に準備し、楽観的に対処せよ」2020年3月10日付、毎日新聞「余録」

第二章

1）『世界の半分が飢えるのはなぜ？』ジャン・ジグレール、たかおまゆみ訳、勝俣誠監訳、2003年8月、合同出版
2）『食の500年史』ジェフリー・M・ピルチャー、伊藤茂訳、2011年2月、NTT出版
3）2018年12月9日付、AFP BB News https://www.afpbb.com/articles/-/3201171
4）2020年4月9日付、ロイター
5）2020年9月28日付、読売新聞
6）2020年9月24日付、日本農業新聞
7）外務省公式サイト
8）2020年9月24日付、日本農業新聞
9）世界銀行、2018年
10）IMF、2016年
11）2020年9月17日付、毎日新聞
12）WHO
13）2020年10月5日付、毎日新聞
14）2020年9月23日付、ジェトロ　ビジネス短信　カイロ発
15）2020年10月8日付、毎日新聞
16）2020年9月17日付、Fuji Sankei Business i
17）『バナナと日本人　フィリピン農園と食卓のあいだ』鶴見良行、

report-2018/
27) Harvest Plus https://www.harvestplus.org/
28) Planetary Boundaries, Stockholm Resilience Centre
https://stockholmresilience.org/research/planetary-boundaries.html
29)『ドーナツ経済学が世界を救う』ケイト・ラワース、黒輪篤嗣訳、2018年2月、河出書房新社
30) "Histoires de L'alimentation : Dequoi manger est-il le nom?" Jacques Attali, 2019.5,Fayard
邦訳:『食の歴史 人類はこれまで何を食べてきたのか』ジャック・アタリ、林昌宏訳、2020年2月、プレジデント社
31)『「食」の研究 これからの重要課題』生駒俊明編著、2017年10月、丸善プラネット
32)「『世界人口が増え、食料危機が起きる』のウソ 世界中の農業専門家が作り上げたフェイクニュースの実像に迫る」山下一仁、2018年7月9日、論座、アクセス日:2020年9月2日
https://webronza.asahi.com/business/articles/2018070500001.html
33)「コロナ危機で穀物価格は原油に連動して暴落する 食料危機を煽る人の不都合な真実」山下一仁、2020年4月26日、論座、アクセス日:2020年9月2日
https://webronza.asahi.com/business/articles/2020042500001.html
34)「新型コロナウイルスで食料危機は起きるのか?」山下一仁、2020年4月14日、論座、アクセス日:2020年9月2日
https://webronza.asahi.com/business/articles/2020041200004.html
35) 2020年6月16日付、NNA ASIA アジア経済ニュース「タイ・経済」
36) 2020年10月7日付、産経新聞
37)「コンビニエンスストア本部と加盟店との取引等に関する実態調査報告書」(令和2年9月2日)公正取引委員会、アクセス日:2020年9月4日
https://www.jftc.go.jp/houdou/pressrelease/2020/sep/kitori0902/200902_02.pdf
38)「民間給与実態統計調査(平成30年分)」、国税庁、アクセス日:

歳以下の子どもの貧困率は13.5%。
12）「ハンガーマップ2020」国連WFP
https://ja.wfp.org/publications/hankamatsufu-2020
13）HungerMapLIVE WFP
https://hungermap.wfp.org/
14）"The State of Food Security and Nutrition in the World Latest issue : SOFI 2020", FAO
http://www.fao.org/publications/sofi/2020/en/
15）ニュースリリース「飢餓と栄養不良の増加傾向続く　2030年までの飢餓ゼロ達成危ぶまれる 国連の報告書」FAO 駐日連絡事務所、2020年7月13日
http://www.fao.org/japan/news/detail/en/c/1297823/
16）「ハンガーマップ 2019」国連WFP
https://ja.wfp.org/publications/hungermapjp-2019
17）2020年11月17日付、時事通信　https://www.jiji.com/jc/article?k=2020111701133&g=int
18）国連WFPホームページより（2020年7月17日の記事）
19）IPC/CHフェーズ……IPC（統合的食料安全保障レベル分類）とCH（Cadre Harmonisé）は、国際的に認められた極度の飢餓の測定方法。国連の「世界の食料安全保障の栄養の現状」で毎年報告されている慢性的な飢餓と同等ではなく、より深刻な状況を指す。
20）持続可能な開発目標（SDGs）、日本ユニセフ協会
https://www.unicef.or.jp/sdgs/concept.html
21）FAOほか（2020）
22）FNRI（Food and Nutrition Research Institute）
https://www.fnri.dost.gov.ph
23）"Food Security" Policy Brief, June 2006, FAO
https://reliefweb.int/report/world/policy-brief-food-security-issue-2-june-2006
24）国連WFPのニュースリリース（2020年10月9日）
25）"Global Nutrition Report, 2020"
https://globalnutritionreport.org/reports/2020-global-nutrition-report/
26）"Global Nutrition Report, 2018"
https://globalnutritionreport.org/reports/global-nutrition-

参考文献・脚注

第一章

1) ただし、本書で文献から引用する際、「食料」の意味であるが「食糧」の文字を使っている場合でも、「食料」と直さず原文のまま忠実に引用する。
2) Global Network Against Food Crises, FAO
http://www.fao.org/resilience/global-network-against-food-crises/en/
3) "2020-Global Report on Food Crises" Global Network Against Food Crises
https://www.wfp.org/publications/2020-global-report-food-crises
4) 2020年10月10日付、朝日新聞
5) http://www.fao.org/hunger/en/
6) 『世界の半分が飢えるのはなぜ？』ジャン・ジグレール、たかおまゆみ訳、勝俣誠監訳、2003年8月、合同出版
7) 『食の500年史』ジェフリー・M・ピルチャー、伊藤茂訳、2011年2月、NTT出版
8) 『貧困と飢饉』アマルティア・セン、黒崎卓・山崎幸治訳、2017年7月、岩波現代文庫
9) 2016年3月7日付、CNN
https://www.cnn.co.jp/world/35079045.html
10) 『地球に残された時間　80億人を希望に導く最終処方箋』レスター・R・ブラウン、枝廣淳子・中小路佳代子訳、2012年2月、ダイヤモンド社
11) 絶対的貧困：最低限の暮らしができない状況。世界銀行（The World Bank）は2015年10月、「1日US$1.90」をその基準（国際貧困ライン）とし、それより少ない金額で暮らしている人を指す。
相対的貧困：主に高所得国で使われる。年間の等価可処分所得の中央値の半分（貧困線）を下回っている状態。日本の場合、年収127万円が「貧困線」（2020年7月17日、厚生労働省発表「2019年　国民生活基礎調査」による）。相対的貧困率は15.4%、17

白鳥佐紀子氏、ンブリ・チャールズ・ボリコ氏、前野ウルド浩太郎氏、エクベリ聡子氏、ペオ・エクベリ氏へのインタビュー部分の内容は、取材当時のものです。

PHP新書

PHP INTERFACE
https://www.php.co.jp/

井出留美［いで・るみ］

食品ロス問題ジャーナリスト。世界的連合Champions12.3メンバー。奈良女子大学食物学科卒、博士（栄養学／女子栄養大学大学院）修士（農学／東京大学大学院農学生命科学研究科）。ライオン（株）、青年海外協力隊フィリピン食品加工隊員、日本ケロッグ広報室長等を歴任。東日本大震災の食料支援で食料廃棄に衝撃を受け、誕生日を冠した（株）office3.11設立。2019年の食品ロス削減推進法成立に協力。第二回食生活ジャーナリスト大賞食文化部門/Yahoo! ニュース個人オーサーアワード2018受賞。著書に『賞味期限のウソ』（幻冬舎新書）、『あるものでまかなう生活』（日本経済新聞出版）など。

食料危機

パンデミック、バッタ、食品ロス

PHP新書 1242

二〇二一年一月五日　第一版第一刷

著者――井出留美
発行者――後藤淳一
発行所――株式会社PHP研究所
東京本部――〒135-8137 江東区豊洲5-6-52
第一制作部 ☎03-3520-9615（編集）
普及部 ☎03-3520-9630（販売）
京都本部――〒601-8411 京都市南区西九条北ノ内町11
組版――アイムデザイン株式会社
装幀者――芦澤泰偉＋児崎雅淑
印刷所
製本所――図書印刷株式会社

ISBN978-4-569-84830-3

ＰＨＰ新書刊行にあたって

「繁栄を通じて平和と幸福を」(PEACE and HAPPINESS through PROSPERITY)の願いのもと、ＰＨＰ研究所が創設されて今年で五十周年を迎えます。その歩みは、日本人が先の戦争を乗り越え、並々ならぬ努力を続けて、今日の繁栄を築き上げてきた軌跡に重なります。

しかし、平和で豊かな生活を手にした現在、多くの日本人は、自分が何のために生きているのか、どのように生きていきたいのかを、見失いつつあるように思われます。そして、その間にも、日本国内や世界のみならず地球規模での大きな変化が日々生起し、解決すべき問題となって私たちのもとに押し寄せてきます。

このような時代に人生の確かな価値を見出し、生きる喜びに満ちあふれた社会を実現するために、いま何が求められているのでしょうか。それは、先達が培ってきた知恵を紡ぎ直すこと、その上で自分たち一人一人がおかれた現実と進むべき未来について丹念に考えていくこと以外にはありません。

その営みは、単なる知識に終わらない深い思索へ、そしてよく生きるための哲学への旅でもあります。弊所が創設五十周年を迎えましたのを機に、ＰＨＰ新書を創刊し、この新たな旅を読者と共に歩んでいきたいと思っています。多くの読者の共感と支援を心よりお願いいたします。

一九九六年十月

ＰＨＰ研究所